冶金工业出版社

高职高专"十四五"规划教材

供配电保护项目式教程

Project-based Tutorial for Power Supply and Distribution Protection

冯丽　李鹤　赵新亚　张诗淋　李家坤　编著

扫一扫查看全书
数字资源

U0341774

北　京

冶金工业出版社

2023

内 容 提 要

本书共分为 5 个项目，分别是继电保护的基础知识，输电线路相间短路故障的阶段式保护配置与调试，输电线路接地故障的保护配置与调试，输电线路全线速动保护的配置、调试和自动重合闸，电力元件的保护配置。这 5 个项目教学内容覆盖了从基本知识到专业技能培训的全过程。

本书数字资源丰富，配有微课视频，读者可扫描书中的二维码进行观看、学习。

本书可作为高职院校电力系统及其自动化、供用电技术以及相关专业的教材，也可供电力相关领域的工程技术人员参考。

图书在版编目（CIP）数据

供配电保护项目式教程/冯丽等编著. —北京：冶金工业出版社，2023.1

高职高专"十四五"规划教材

ISBN 978-7-5024-9362-2

Ⅰ.①供… Ⅱ.①冯… Ⅲ.①供电系统—高等职业教育—教材 ②配电系统—高等职业教育—教材 Ⅳ.①TM72

中国国家版本馆 CIP 数据核字（2023）第 022668 号

供配电保护项目式教程

出版发行	冶金工业出版社	电　话	(010)64027926
地　址	北京市东城区嵩祝院北巷 39 号	邮　编	100009
网　址	www.mip1953.com	电子信箱	service@mip1953.com

责任编辑　王　颖　美术编辑　彭子赫　版式设计　郑小利
责任校对　梁江凤　责任印制　窦　唯
北京印刷集团有限责任公司印刷
2023 年 1 月第 1 版，2023 年 1 月第 1 次印刷
787mm×1092mm　1/16；10.25 印张；248 千字；156 页

定价 49.90 元

投稿电话　(010)64027932　投稿信箱　tougao@cnmip.com.cn
营销中心电话　(010)64044283
冶金工业出版社天猫旗舰店　yjgycbs.tmall.com
（本书如有印装质量问题，本社营销中心负责退换）

前　言

"供配电保护"是电力系统及其自动化、供用电技术以及相关专业学生的专业必修课，其课程的理论性和实践性都很强，对培养学生的思维能力、提高他们分析和解决相关问题的能力、养成严谨认真的工作态度，都起着至关重要的作用。

本书共分为 5 个项目，分别介绍了继电保护的基础知识，输电线路相间短路故障的阶段式保护配置与调试，输电线路接地故障的保护配置与调试，输电线路全线速动保护的配置、调试和自动重合闸，电力元件的保护配置。这 5 个项目教学内容覆盖了从基本知识到专业技能培训的全过程。

本书作为高职类教学的教材，始终立足于高职教育的教学目标和培养方向，在编写过程中以岗位技能需求为导向，注重培养学生的应用技能和岗位能力。

本书配有微课视频，读者可扫描书中二维码进行观看、学习。

本书由沈阳职业技术学院冯丽、李鹤、赵新亚、张诗淋，沈阳飞驰电气设备有限公司李家坤共同编著。在编写过程中得到了学校相关领导和电力行业企业工程师的支持和帮助，在此表示感谢。

由于作者水平所限，书中不妥之处，恳请广大读者批评指正！

作　者

2022 年 10 月

目 录

项目 1　继电保护的基础知识

学习目标

本项目的内容作为继电保护知识的基础，对后面内容的学习起着关键的作用。所以，正确理解和掌握相关知识，分析工作原理是有必要的。通过本项目的学习，学生应达到以下技能：

(1) 能知道电力系统的故障及异常运行状态，掌握继电保护的任务；

(2) 能掌握继电器的基本原理、基本组成及基本要求；

(3) 能掌握电流互感器、电压互感器的作用和工作原理；

(4) 能掌握各类继电器的作用和工作原理；

(5) 能了解微机保护的硬件配置和软件配置。

学习"继电保护的基础知识"的意义

通过学习本项目的内容，学生可以掌握"继电保护"的概念，了解互感器、变换器的作用与原理，了解微机保护的软硬件配置的内容，从而对后面的学习起到关键的作用。

任务 1.1　继电保护的任务

电力系统由于受自然因素和人为因素的影响，不可避免地会发生各种形式的故障和异常运行，对电气设备及设备所在的系统产生种种不良影响和严重后果。因此，为了保护电气设备及系统的安全，电力系统中所有投入运行的设备，都必须配置有相应的继电保护装置。

扫一扫查看视频

1.1.1　电力系统的故障及异常运行

电力系统由发电机、变压器、输电线路及负荷组成，其中高低压配电线路、变电站（包括配电站）和用电设备构成供配电系统。供配电系统在运行中可能不可避免地会发生各种形式的故障和不正常运行状态，最常见同时也是最危险的故障是各种类型的短路。

在输配电线路中出现短路故障时，会产生很大的短路电流，数值较大的短路电流通过故障点时，产生电弧，使故障设备损坏或烧毁；短路电流通过非故障元件时，使电气设备的载流部分和绝缘材料的温度超过散热条件的允许值而不断升高，造成载流导体熔断或加速绝缘老化和损坏，从而可能发展成为故障；电力系统中部分地区的电压大大下降，破坏用户工作的稳定性或影响产品的质量；破坏电力系统中各发电厂并列运行的稳定性，引起系统振荡，从而使事故扩大，甚至导致整个电力系统瓦解。

各种类型的短路包括三相短路、两相短路、两相接地短路和单相接地短路。不同类型短路发生的概率是不同的，不同类型短路电流的大小也不同，一般为额定电流的几倍到几十倍。大量的现场统计数据表明，在高压电网中，单相接地短路次数占所有短路次数的

85%以上，截止到 2018 年，全国 220kV 及以上输电线路回路长度 74000km，发生的故障中有 90%的故障是短路故障。

最常见的异常运行状态是电气元件的电流超过其额定值，即过负荷状态。长时间的过负荷会使电气元件的载流部分和绝缘材料的温度过高，从而加速设备的绝缘老化，或者损坏设备，甚至发展成事故。另外，由于电力系统出现功率缺额而引起的频率降低、水轮发电机组突然甩负荷造成过电压及电力系统振荡，都属于异常运行状态。

故障和异常状态都可能发展成系统中的事故。事故是指整个系统或其中的一部分的正常工作遭到破坏，以致造成用户少送电、停止送电或电能质量降低到不能允许的地步，甚至造成设备的损坏和人身伤亡。

1.1.2　继电保护的基本任务

在电力系统中，除应采取各项积极措施消除或减少事故发生的可能性外，还应能做到设备或输电线路一旦发生故障时，应尽快地将故障设备或线路从系统中切除，保证非故障部分继续安全运行，缩小事故影响范围。

由于电力系统是一个整体，电能的生产、传输、分配和使用同时完成，各设备之间都有电或磁的联系，因此，当某一设备或线路发生短路故障时，在很短的时间就影响到整个电力系统的其他部分，为此要求切除故障设备或输电线路的时间必须很短，通常切除故障的时间少到十分之几秒到百分之几秒。显然要在这样短的时间内由运行人员及时发现并手动将故障切除是绝对不可能的。因此，只有借助于装设在每个电气设备或线路上的自动装置，即继电保护装置才能实现。这种装置到目前为止，有一部分仍然由单个继电器或继电器与其附属设备的组合构成，故称为继电保护装置。

在电子式静态保护装置和数字式保护装置出现以后，虽然继电器大多已被电子元件或计算机取代，但仍沿用此名称。在电业部门常常用继电保护一词泛指继电保护技术或由各种继电保护装置组成的继电保护系统。继电保护装置一词则指各种具体的装置。

继电保护装置就是指能反映电力系统中电气元件发生故障或不正常运行状态，并动作于断路器跳闸或发出信号的一种自动装置。它的基本任务如下：

（1）自动、迅速、有选择性地将故障元件从电力系统中切除，使故障元件免于继续遭到破坏，保证其他无故障部分迅速恢复正常运行。

（2）反映电气元件的不正常运行状态，并根据运行维护的条件（如有无经常值班人员）而动作于信号，以便值班员及时处理，或由装置自动进行调整，或将那些继续运行就会引起损坏或发展成为事故的电气设备予以切除。此时一般不要求保护迅速动作，而是根据对电力系统及其元件的危害程度规定一定的延时，以免短暂地运行波动造成不必要的动作和干扰而引起的误动。

（3）继电保护装置还可以与电力系统中的其他自动化装置配合，在条件允许时采取预定措施，缩短事故停电时间，尽快恢复供电，从而提高电力系统运行的可靠性。

由此可见，继电保护在电力系统中的主要作用是通过预防事故或缩小事故范围来提高系统运行的可靠性，最大限度地保证向用户安全连续供电。因此，继电保护是电力系统的重要组成部分，是保证电力系统安全可靠运行的必不可少的技术措施之一。在现代的电力系统中，如果没有专门的继电保护装置，要想维持系统的正常运行是根本不可能的。

任务 1.2 继电保护的基本组成

1.2.1 继电保护的基本原理

为了完成继电保护所担负的任务，继电保护装置必须具有正确区分被保护元件是处于正常运行状态还是发生了故障，是保护区内故障还是区外故障的功能。继电保护装置要实现这项功能，需要根据电力系统发生故障前后电气物理量变化的特征为基础来构成。继电保护的基本原理就是以被保护线路或设备故障前后某些突变的物理量为信息量，当突变量达到定值时，启动逻辑控制环节，发出相应的跳闸脉冲或信号。

电力系统发生短路故障后，利用电流、电压、线路测量阻抗、电流电压间的相位、负序和零序分量的出现等的变化方式，可构成过电流保护、低电压保护、距离（阻抗）保护、功率方向保护、零序分量保护等。

1.2.1.1 利用基本电气参数主要特征构成的保护

A 过电流保护

短路时故障点与电源之间的电气设备和输电线路上的电流将由负荷电流增大至大大超过负荷电流。这种根据短路故障时电流的增大而构成的保护称为过电流保护。

B 低电压保护

当发生相间短路和接地短路故障时，系统各点的相间电压或相电压值下降，且越靠近短路点，电压越低。根据短路故障时电压的降低，可构成的保护称为低电压保护。

C 距离保护

测量阻抗即测量点（保护安装处）电压与电流之比值。正常运行时，测量阻抗为负荷阻抗；当发生金属性短路时，测量阻抗转变为线路阻抗，故障后测量阻抗显著减小，而阻抗角增大。这种根据电压与电流比值的变化而构成的保护称为距离保护。

1.2.1.2 利用比较两侧的电流相位（或功率方向）

通过测量电流与电压之间的相位角的变化，构成功率方向保护装置。在功率方向保护中，正常运行时电流与电压间的相位角是负荷的功率因数角，一般约为20°；三相短路时，电流与电压之间的相位角是由线路的阻抗角决定的，一般为60°~85°；而在保护反方向三相短路时，电流与电压之间的相位角则是180°+（60°~85°）。同时，还可以通过故障时被保护元件两端电流相位和大小的变化，可构成差动保护。

1.2.1.3 利用零序分量或负序分量构成的保护

电力系统在对称运行时，不会出现零序分量和负序分量；当系统中出现不对称短路时，就出现相序分量，如两相及单相接地短路时，出现负序电流和负序电压分量；单相接地时，出现负序、零序电流和电压分量。这些分量在正常运行时是不出现的。因此，可以根据是否出现负序、零序分量可构成零序电流保护、负序电流保护和负序功率方向保护。

1.2.1.4 反应非工频电气量的保护

在电力系统中，除了上述反映工频电气量的保护外，还有反映非工频电气量的保护，如反映电力变压器油箱内部故障时产生瓦斯气体构成的瓦斯保护；反映电力变压器绕组温度升高而构成的过负荷保护等。

1.2.2 继电保护装置的组成

继电保护装置的种类虽然很多，但是一般情况下，整套保护装置均由测量部分、逻辑部分和执行部分三个部分组成，其原理结构如图 1-1 所示。

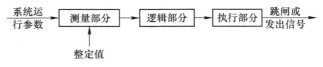

图 1-1 继电保护装置的原理结构图

测量部分的作用是测量与被保护电气设备或线路工作状态有关的物理量的变化，如电流、电压等的变化，以确定电力系统是否发生了短路故障或出现不正常运行情况；逻辑部分的作用是当电力系统发生故障时，根据测量回路的输出信号，进行逻辑标识，以确定保护是否应该动作，并向执行元件发出相应的信号；执行部分的作用是根据逻辑部分的判断，发出切除故障的跳闸脉冲或指示不正常运行情况的信号。

电力系统的继电保护根据被保护对象不同，分为发电厂、变电站电气设备的继电保护和输电线路的继电保护。前者是指发电机、变压器、母线和电动机等元件的继电保护，简称为元件保护；后者是指电力网及电力系统中输电线路的继电保护，简称线路保护。按作用的不同，继电保护又可分为主保护、后备保护和辅助保护。主保护是指被保护元件内部发生各种短路故障时，能满足系统稳定及设备安全要求的、有选择地切除被保护设备或线路故障的保护。后备保护是指当主保护或断路器拒绝动作时，用以将故障切除的保护。后备保护可分为远后备和近后备保护两种。远后备是指主保护或断路器拒绝时，由相邻元件的保护部分实现的后备；近后备是指当主保护拒绝动作时，由本元件的另一套保护来实现的后备，当断路器拒绝动作时，由断路器失灵保护实现后备。辅助保护是指为了补充主保护和后备保护的不足而增设的简单保护。

继电保护装置需有操作电源供给保护回路，断路器跳、合闸及信号等二次回路。按性质的不同，操作电源可以分为直流操作电源和交流操作电源。通常在发电厂和变电站中，继电保护的操作电源由蓄电池直流系统供电，而蓄电池是一种独立电源，最大的优点是工作可靠，但缺点是投资较大、维护麻烦。交流操作电源的优点是投资少、维护简便，但缺点是可靠性差。因此，交流操作电源的继电保护适合于小型变电所使用。

1.2.3 继电保护的基本要求

继电保护装置要想完成它的任务，就必须在技术上满足可靠性、选择性、速动性和灵敏性四个基本要求。对于作用于继电器跳闸的继电保

扫一扫查看视频

护，应同时满足四个基本要求，而对于作用于信号以及只反映不正常的运行情况的继电保护装置，这四个基本要求中有些要求如速动性可以降低。现将其基本要求分述如下。

1.2.3.1 可靠性

可靠性包括安全性和信赖性，是对继电保护最根本的要求。所谓安全性是要求继电保护在不需要它动作时可靠不动作，即不误动。所谓信赖性是要求继电保护在规定的保护范围内发生了应该动作的故障时可靠动作，即不拒动。

安全性和信赖性主要取决于保护装置本身的制造质量、保护回路的连接和运行维护的水平。一般而言，保护装置的组成元件质量越高、回路接线越简单，保护的工作就越可靠。同时正确地调试、整定、运行及维护，对于提高保护的可靠性都具有重要的作用。

继电保护的误动作和拒动作都会给电力系统带来严重危害。然而，提高不误动的安全措施与提高不拒动的信赖性措施往往是矛盾的。由于不同的电力系统结构不同，电力元件在电力系统中的位置不同，误动和拒动的危害程度不同，因而提高安全性和信赖性的侧重点在不同的情况下有所不同。例如，对 220kV 及以上系统，由于电网联系比较紧密，联络线较多，系统备用容量较多，如果保护误动，使某条线路、某台发电机或变压器误动切除，给整个电力系统造成直接经济损失较小。但如果保护装置拒动，将会造成电力元件的损坏或者引起系统稳定的破坏，造成大面积的停电。在这种情况下，一般应该更强调保护不拒动的信赖性。目前，要求每回 220kV 及以上输电线路都装设两套工作原理不同的工作回路，完全独立的快速保护，采取各自独立跳闸的方式，提高不拒动的信赖性。而对于母线保护，由于它的误动将会给电力系统带来严重后果，因此更强调不误动的安全性，一般是以两套保护出口触点串联后启动跳闸回路的方式。即使对于相同的电力元件，随着电网的发展，保护不误动和不拒动对系统的影响也会发生变化。例如，一个更高一级电网建设初期或大型电厂投产初期，由于联络线较少，输送容量较大，切除一个元件就会对系统产生很多影响，此时，防止误动就最为重要；随着电网建设的发展，联络线路越来越多，联系越来越紧密，防止拒动就变为最重要的。在说明防止误动更重要的时候，并不是说拒动不重要，而是说，在保证防止误动的同时，要充分防止拒动；反之亦然。

1.2.3.2 选择性

所谓选择性就是指当电力系统中的设备或线路发生短路时，其继电保护仅将故障的设备或线路从电力系统中切除，当故障设备或线路的保护或断路器拒动时，应由相邻设备或线路的保护将故障切除。

电网如图 1-2 所示，当 k_1 点发生短路故障时，应由故障线路上的保护 P_1 和 P_2 动作，将故障线路切除，这时变电所 B 则仍可由另一条非故障线路继续供电。当 k_2 点发生短路故障时，应由线路的保护 P_6 动作，使断路器 QF_6 跳闸，将故障线 C-D 切除，这时只有变电所 D 停电。由此可见，继电保护有选择性的动作可将停电范围限制到最小，甚至可以做到不中断对用户的供电。

在要求保护动作有选择性的同时，还必须考虑保护或断路器有拒动的可能性，因而就需要考虑后备保护的问题。如图 1-2 所示，当 k_2 点发生短路故障时，距短路点最近的保护 P_6 动作切除故障，但由于某种原因，该处的保护或断路器拒动，故障便不能消除，此时

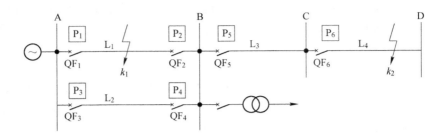

图 1-2   单侧电源网络图保护选择性工作说明图

如其前面一条线路（靠近电源侧）的保护 P_5 动作，故障也可消除。此时保护 P_5 所起的作用就称为相邻元件的后备保护。由于按以上方式构成的后备保护是在远处实现的，因此又称为远后备保护。

一般情况下，远后备保护动作切除故障时将使供电中断的范围扩大。在复杂的高压电网中，当实现远后备保护有困难时，也可采用近后备保护的方式。即当本元件的主保护拒绝动作时，由本元件的另一套保护作为后备保护；当断路器拒绝动作时，由同一发电厂或变电所内的有关断路器动作，实现后备。为此，在每一个元件上应装设简单的主保护和后备保护，并装设必要的断路器失灵保护。由于这种后备保护作用是在主保护安装处实现，因此称为近后备保护。

应当指出，远后备保护的性能是比较完善的，它对相邻元件的保护装置、断路器、二次回路和直流电源引起的拒绝动作，均能起到后备作用，同时实现简单、经济，因此，在电压较低的线路上应优先采用，只有当远后备不能满足灵敏度和速动性的要求时，才考虑采用近后备的方式。

1.2.3.3   速动性

所谓速动性就是指继电保护装置应能尽快地切除故障，以减少设备及用户在大电流、低电压运行的时间，降低设备的损坏程度，提高系统并列运行的稳定性。动作迅速而又能满足选择性要求的保护装置，一般结构都比较复杂，价格昂贵，对大量的中、低压电力设备，不一定都采用高速动作的保护。对保护速动性的要求应根据电力系统的接线和被保护设备的具体情况，经技术经济比较后确定。一般必须快速切除的故障有：

（1）使发电厂或重要用户的母线电压低于有效值（一般为 0.7 倍额定电压）。

（2）大容量的发电机、变压器和电动机内部故障。

（3）中、低压线路导线截面过小，为避免过热不允许延时切除的故障。

（4）可能危及人身安全、对通信系统或铁路信号造成强烈干扰的故障。

在高压电网中，维持电力系统的暂态稳定性往往成为继电保护快速性的决定性因素，故障切除越快，暂态稳定极限（维持故障切除后系统的稳定性所允许的故障前输送功率）越高，越能发挥电网的输电效能。

故障切除时间包括保护装置和断路器动作时间，一般快速保护的动作时间为 0.04～0.08s，最快的可达 0.01～0.04s，一般断路器的跳闸时间为 0.06～0.15s，最快的可达 0.02～0.06s。但应指出，要求保护切除故障达到最小时间并不是在任何情况下都是合理的，故障必须根据技术条件来确定。实际上，对不同电压等级和不同结构的电网，切除故障的最小时间有不同的要求。例如，对于 35~60kV 配电网络，一般为 0.5~0.7s；110~330kV 高压电网，为 0.15~0.3s；500kV 及以上超高压电网，为 0.1~0.12s。目前国产的继电保护装置，在一般情况下，完全可以满足上述电网对快速切除故障的要求。对于反映不正常运行情况的继电保护装置，一般不要求快速动作，而应按照选择性的条件，带延时地发出信号。

1.2.3.4　灵敏性

灵敏性是指电气设备或线路在被保护范围内发生短路故障或不正常运行情况时，保护装置的反应能力。能满足灵敏性要求的继电保护，在规定的范围内故障时，不论短路点的位置和短路的类型如何，以及短路点是否有过渡电阻，都能正确反应动作，即要求不但在系统最大运行方式下三相短路时能可靠动作，而且在系统最小运行方式下经过较大的过渡电阻两相或单相短路故障时也能可靠动作。

所谓系统最大运行方式就是被保护线路末端短路时，系统等效阻抗最小，通过保护装置的短路电流为最大运行方式；系统最小运行方式就是在同样短路故障情况下，系统等效阻抗为最大，通过保护装置的短路电流为最小的运行方式。

保护装置的灵敏性是用灵敏系数来衡量，灵敏系数表示式如下所述。

（1）对于反应故障参量增加（如过电流）的保护装置：

$$K_{\text{sen}} = \frac{\text{保护区内金属性短路时故障参数的最小计算值}}{\text{保护的动作参数}} = \frac{I_{k.\min}}{I_{\text{set}}} \quad (1\text{-}1)$$

（2）对于反应故障参量降低（如低电压）的保护装置：

$$K_{\text{sen}} = \frac{\text{保护的动作参数}}{\text{保护区内金属性短路时故障参数的最大计算值}} = \frac{U_{\text{set}}}{U_{k.\max}} \quad (1\text{-}2)$$

故障参数如电流、电压和阻抗等的计算，应根据实际可能的最不利的运行方式和故障类型来进行。

增加灵敏性即增加了保护动作的信赖性，但有时与安全性相矛盾。对不同作用的保护及被保护的设备和线路，所要求的灵敏系数不同。

以上四个基本要求既是设计、配置和维护继电保护的依据，又是分析评价继电保护的基础。这四个基本要求之间是相互联系的，但往往又存在着矛盾，例如强调速动性时，有时会影响选择性，强调灵敏性又会影响速动性。继电保护的科学研究、设计、制造和运行的绝大部分工作是围绕着如何处理好这四个基本要求之间的辩证统一关系而进行的。

任务 1.3　继电保护的基本元件

1.3.1　互感器

电力系统为了传输电能，往往采用交流电压、大电流回路把电力送往用户，无法用仪表进行直接测量。互感器的作用就是将交流电压和大电流按比例降到可以用仪表直接测量的数值，便于仪表直接测量，同时为继电保护和自动装置提供电源。电力系统用互感器是将电网高电压、大电流的信息传递到低电压、小电流二次侧的计量、测量仪表及继电保护、自动装置的一种特殊变压器，是一次系统和二次系统的联络元件，其一次绕组接入电网，二次绕组分别与测量仪表、保护装置等互相连接。互感器与测量仪表和计量装置配合，可以测量一次系统的电压、电流和电能；与继电保护和自动装置配合，可以构成对电网各种故障的电气保护和自动控制。互感器性能的好坏，直接影响到电力系统测量、计量的准确性和继电器保护装置动作的可靠性。

互感器分为电压互感器和电流互感器两大类。电压互感器可在高压和超高压的电力系统中用于电压和功率的测量等。电流互感器可用在交换电流的测量、交换电度的测量和电力拖动线路中的保护。

1.3.1.1　电压互感器

电压互感器，在电路图中的国际标准文字符号是 TV，现场工作人员通常称为 PT，我国曾很长时间采用汉语拼音符号 YH，是一个带铁心的变压器。它主要由一次线圈、二次线圈、铁心和绝缘组成。当在一次绕组

上施加一个电压 U_1 时，在铁心中就产生一个磁通 ϕ，根据电磁感应定律，则在二次绕组中就产生一个二次电压 U_2。改变一次或二次绕组的匝数，可以产生不同的一次电压与二次电压比，这就可组成不同比的电压互感器。无论哪种变比的电压互感器，当一次侧接入额定电压的母线或线路时，其二次绕组的输出电压都为额定值。电压互感器二次绕组接入的都是阻抗很大的电压线圈，因此电压互感器近似运行于空载状态。

A　电压互感器的基本参数

电压互感器的一次绕组的匝数为 N，直接并接于系统母线上，其电压为系统电压 U_N；二次绕组匝数为 N_2，额定电压 U_{2N} 规定为 100V（相间电压）或 $100/\sqrt{3}\,\text{V}$（相电压）。

B　电压互感器的接线方式

电压互感器的二次接线主要有单相接线、单线电压接线、Vv 接线、三相星形及开口三角形接线、中性点安装有消弧电压互感器的星形接线等，各接线的连接方式如图 1-3 所示。

（1）图 1-3（a）所示为单相接线，常用于大接地电流系统判断线路无压或同期，可以接于任何一相。

（2）图 1-3（b）所示为单线电压接线，一只单相电压互感器接于两相电压间，主要用于小接地电流系统判断线路无压或同期。

（3）图 1-3（c）所示为 Vv 接线，主要用于小接地电流系统的母线电压测量，它只要两只接于线电压的电压互感器就能完成三相电压的测量，节约了投资。但是该接线在二次回路无法测量系统的零序电压，因而当需要测量零序电压时不能使用该接线。

（4）图 1-3（d）所示为三相星形及开口三角形接线，常用于母线测量三相电压及零序电压。其中，二次侧三相星形绕组可以获得三相对地电压，开口三角形绕组输出电压为三相电压之相量和，即零序电压 $3U_0$。

（5）图 1-3（e）所示为中性点安装有消弧电压互感器的星形接线。在小接地电流系统中，当单相接地时允许继续运行 2h，由于非接地相的电压最高可上升到线电压，是正

常运行时的 $\sqrt{3}$ 倍，特别是相间接地还要产生暂态过电压，这将可能造成电压互感器铁心饱和，引起铁磁谐振，使系统产生谐振过电压。所以用在小接地电流系统中的电压互感器要考虑消弧问题。消弧措施有多种，例如在开口三角形绕组输出端子上接电阻性负荷或电子型、微机型消弧器。图 1-3（e）所示星形接线的中性点接一只电压互感器也能起到消弧的作用。所以该电压互感器也称为消弧电压互感器。

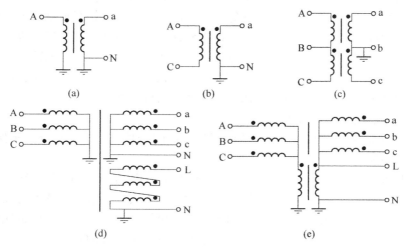

图 1-3　电压互感器

（a）单相接线；（b）单相电压接线；（c）Vv 接线；（d）三相星形及开口三角形接线；
（e）中性点安装有消弧电压互感器的星形接线

C　电压互感器二次回路的保护

电压互感器相当于一个电压源，当二次回路发生短路时将会出现很大的短路电流，如果没有合适的保护装置将故障切除，将会使电压互感器及其二次绕组烧坏。

电压互感器二次回路的保护设备应满足以下条件：在电压回路最大负荷时，保护设备不应动作；在电压回路发生单相接地或相间短路时，保护设备应能可靠切除短路；在保护设备切除电压回路的短路过程中和切除短路之后，反映电压下降的继电保护装置不应误动作，即保护装置的动作速度要足够快；电压回路短路保护动作后出现电压回路断线应有预告信号。

电压互感器二次回路保护设备，一般采用快速熔断器或低压断路器。采用熔断器作为保护设备，结构简单且能满足上述选择性及速动性要求，报警信号需要在继电保护回路中实现。采用低压断路器作为保护设备时，除能切除短路故障外，还能保证三相同时切除，防止缺相运行，并可利用低压断路器的辅助触点，在断开电压回路的同时切断有关继电保护的正电源，防止保护装置误动作，或由辅助触点发出断线信号。

电压互感器二次侧应在各相回路和开口三角形绕组的母线上配置保护用的熔断器或低压断路器，熔断器或低压断路器应尽可能靠近二次绕组的出口处装设，以减小保护死区。保护设备通常安装在电压互感器端子箱内，端子箱应尽可能靠近电压互感器布置。由于开口三角形绕组输出端在正常情况下无电压，故可不装设保护设备。

D　电压互感器二次回路的接地

电压互感器二次回路的接地，主要是防止次高压窜至二次侧时可能对人身及二次设备造成的威胁。其接地点与二次侧中性点接地方式、测量和保护电压回路供电方式以及电压互感器二次绕组的个数有关。

电压互感器二次回路只能有一点接地，接地点宜设在控制室内，并应牢固焊接在接地小母线上。另外，电压互感器的多个星形二次绕组的引线之间，及其与开口三角形接线的引线之间，必须分开，不能共用。保证每一个二次回路之间要相互独立，更不允许在端子箱内将两个星形接线的中性点直接相连，也不允许中性点与开口三角任一线直接相连。如果电压互感器二次回路有两点接地或多点接地，当系统发生故障时，地网各点间将产生电压差，将会有电流从两个接地点间流过，在电压互感器二次回路产生压降，影响电压互感器二次电压的准确性，严重时将影响保护装置动作的可靠性。

电压互感器使用时的注意事项。

（1）电压互感器在投入运行前要按照规程规定的项目进行试验检查。例如，测极性、连接组别、核相序等。

（2）电压互感器二次侧不允许短路。由于电压互感器内阻抗很小，若二次回路短路时，会出现很大的电流，将损坏二次设备甚至危及人身安全。电压互感器可以在二次侧装设熔断器以保护其自身不因二次侧短路而损坏。在可能的情况下，一次侧也应装设熔断器以保护高压电网不因互感器高压绕组或引线故障危及一次系统的安全。

（3）为了确保人在接触测量仪表和继电器时的安全，电压互感器二次绕组必须有一点接地。因为接地后，当一次和二次绕组间的绝缘损坏时，可以防止仪表和继电器出现高电压危及人身安全。

（4）接在电压互感器二次侧负荷的容量应合适，接在电压互感器二次侧的负荷不应超过其额定容量，否则，会使互感器的误差增大，难以达到测量的正确性。

（5）电压互感器的接线应保证其正确性，一次绕组和被测电路并联，二次绕组应和所接的测量仪表、继电保护装置或自动装置的电压线圈并联，同时要注意极性的正确性。

1.3.1.2　电流互感器

电流互感器如图 1-4 所示，在电路图中的国际标准文字符号是 TA，现场工作人员通常称为 CT，我国曾经很长时间采用汉语拼音符号 LH，是一个带铁心的变压器。电流互感器是由闭合的铁心和绕组组成。它的一次

扫一扫查看视频

绕组匝数很少，串接在需要测量电流的线路中，因此它经常有线路的全部电流流过，二次绕组匝数比较多，串接在测量仪表和保护回路中，电流互感器在工作时，它的二次回路始终是闭合的，因此测量仪表和保护回路串联线圈的阻抗很小，电流互感器的工作状态接近短路。

A　电流互感器的作用

电流互感器的作用是可以把数值较大的一次电流通过一定的变比转换为数值较小的二次电流，用来进行保护、测量等用途。如变比为 400/5 的电流互感器，可以把实际为 400A 的电流转变为 5A 的电流。

（1）电流互感器的接线应遵守串联原则：一次绕阻应与被测电路串联，二次绕阻则与所有仪表负载串联。

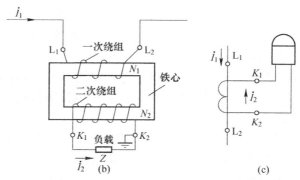

图 1-4　电流互感器

（a）电流互感器的实物图；（b）电流互感器的结构原理图；（c）电流互感器的符号

（2）按被测电流大小选择合适的变比，否则误差将增大。同时，二次侧一端必须接地，以防绝缘一旦损坏时，一次侧高压窜入二次低压侧，造成人身和设备事故。

（3）二次侧绝对不允许开路，因一旦开路，一次侧电流 I_1 全部成为磁化电流，引起 ϕ_m 和 E_2 骤增，造成铁心过度饱和磁化，发热严重乃至烧毁线圈；同时，磁路过度饱和磁化后，使误差增大。电流互感器在正常工作时，二次侧近似于短路，若突然使其开路，则励磁电动势由数值很小的值骤变为很大的值，铁心中的磁通呈现严重饱和的平顶波，因此二次侧绕组将在磁通过零时感应出很高的尖顶波，其值可达到数千甚至上万伏，危及工作人员的安全及仪表的绝缘性能。另外，一次侧开路使二次侧电压达几百伏，一旦触及将造成触电事故。因此，电流互感器二次侧都备有短路开关，防止一次侧开路。在使用过程中，二次侧一旦开路应马上撤掉电路负载，然后再进行处理，一切处理好后方可再用。

（4）为了满足测量仪表、继电保护、断路器失灵判断和故障滤波等装置的需要，在发电机、变压器、出线、母线分段断路器、母线断路器、旁路断路器等回路中均设 2~8 个二次绕组的电流互感器。对于大电流接地系统，一般按三相配置；对于小电流接地系统，依具体要求按二相或三相配置。

（5）对于保护用电流互感器的装设地点应按尽量消除主保护装置的不保护区来设置。例如：若有两组电流互感器，且位置允许时，应设在断路器两侧，使断路器处于交叉保护范围之中。

（6）为了防止支柱式电流互感器套管闪络造成母线故障，电流互感器通常布置在断路器的出线或变压器侧。

（7）为了减轻发电机内部故障时的损伤，用于自动调节励磁装置的电流互感器应布置在发电机定子绕组的出线侧。为了便于分析和在发电机并入系统前发现内部故障，用于测量仪表的电流互感器宜装在发电机中性点侧。

　　B　电流互感器的原理

（1）普通电流互感器结构原理。电流互感器的结构较为简单，由相互绝缘的一次绕组、二次绕组、铁心以及构架、壳体、接线端子等组成。其工作原理与变压器基本相同，一次绕组的匝数（N_1）较少，直接串联于电源线路中，一次负荷电流（I_1）通过一次绕组时，产生的交变磁通感应产生按比例减小的二次电流（$\dot{I}_2$）；二次绕组的匝数（N_2）较多，与仪表、继电器、变送器等电流线圈的二次负荷（Z）串联形成闭合回路，如图 1-4（b）所示。

由于一次绕组与二次绕组有相等的安培匝数，$I_1 N_1 = I_2 N_2$，电流互感器额定电流比：$k = I_2/I_1 = N_2/N_1$。电流互感器实际运行中负荷阻抗很小，二次绕组接近于短路状态，相当于一个短路运行的变压器。

（2）穿心式电流互感器结构原理。穿心式电流互感器其本身结构不设一次绕组，载流（负荷电流）导线由 L_1 至 L_2 穿过由硅钢片卷制的圆形（或其他形状）铁心起一次绕组作用。二次绕组直接均匀地缠绕在圆形铁心上，与仪表、继电器、变送器等电流线圈的二次负荷串联形成闭合回路，如图 1-5 所示。

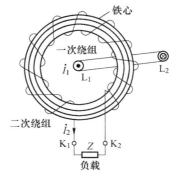

图 1-5 穿心式电流
互感器结构原理图

由于穿心式电流互感器不设一次绕组，其变比根据一次绕组穿过互感器铁心中的匝数确定，穿心匝数越多，变比越小；反之，穿心匝数越少，变比越大，额定电流比：

$$I_1/n$$

式中　　I_1——穿心一匝时一次额定电流；

　　　　n——穿心匝数。

（3）特殊型号电流互感器。

1）多抽头电流互感器。这种型号的电流互感器，一次绕组不变，在绕制二次绕组时，增加几个抽头，以获得多个不同变比。它具有一个铁心和一个匝数固定的一次绕组，其二次绕组用绝缘铜线绕在套装于铁心上的绝缘筒上，将不同变比的二次绕组抽头引出，接在接线端子座上，每个抽头设置各自的接线端子，这样就形成了多个变比，如图 1-6 所示。

例如二次绕组增加两个抽头，K_1、K_2 变比为 100/5，K_1、K_3 变比为 75/5，K_1、K_4 变比为 50/5 等。此种电流互感器的优点是可以根据负荷电流变比，调换二次接线端子的接线来改变变比，而不需要更换电流互感器，给用户使用提供了方便。

2）不同变比电流互感器。这种型号的电流互感器具有同一个铁心和一次绕组，而二次绕组则分为两个匝数不同、各自独立的绕组，以满足同一负荷电流情况下不同变比、不同准确度等级的需要，如图 1-7 所示。

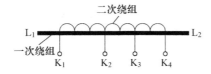

图 1-6 多抽头电流互感器原理图

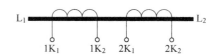

图 1-7 不同变比电流互感器原理图

例如在同一负荷情况下，为了保证电能计量准确，要求变比较小一些（以满足负荷电流在一次额定值的 2/3 左右），准确度等级高一些（如 $1K_1$、$1K_2$ 为 200/5、0.2 级）；

而用电设备的继电保护，考虑到故障电流的保护系数较大，则要求变比较大一些，准确度等级可以稍低一点（如 $2K_1$、$2K_2$ 为 300/5、1 级）。

3）一次绕组可调，二次多绕组电流互感器。这种电流互感器的特点是变比量程多，而且可以变更，多见于高压电流互感器。其一次绕组分为两段，分别穿过互感器的铁心，二次绕组分为两个带抽头的、不同准确度等级的独立绕组。一次绕组与装置在互感器外侧的连接片连接，通过变更连接片的位置，使一次绕组形成串联或并联接线，从而改变一次绕组的匝数，以获得不同的变比。带抽头的二次绕组自身分为两个不同变比和不同准确度等级的绕组，随着一次绕组连接片位置的变更，一次绕组匝数相应改变，其变比也随之改变，这样就形成了多量程的变比，如图 1-8 所示（图中虚线为电流互感器一次绕组外侧的连接片）。

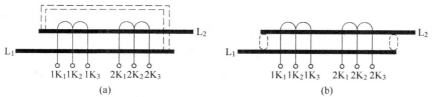

图 1-8　一次绕组匝数可调、二次多绕组的电流互感器原理图
（a）一次串联（两匝）；（b）一次并联（一匝）

4）组合式电流电压互感器。组合式互感器由电流互感器和电压互感器组合而成，多安装于高压计量箱、柜，用作计量电能或用作用电设备继电保护装置的电源。

组合式电流电压互感器是将两台或三台电流互感器的一次、二次绕组及铁心和电压互感器的一次、二次绕组及铁心，固定在钢体构架上，浸入装有变压器油的箱体内，其一次、二次绕组出线均引出，接在箱体外的高、低压瓷瓶上，形成绝缘、封闭的整体。一次侧与供电线路连接，二次侧与计量装置或继电保护装置连接。根据不同的需要，组合式电流电压互感器分为Ｖ/Ｖ接线和Ｙ/Ｙ接线两种，以计量三相负荷平衡或不平衡时的电能，如图 1-9（a）和（b）所示。

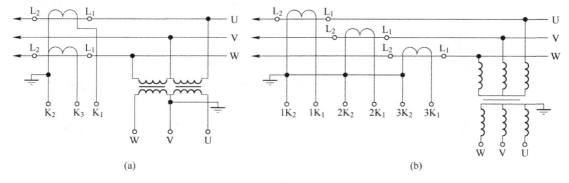

图 1-9　组合式电流电压互感器原理图
（a）两台电流互感器和电压互感器Ｖ/Ｖ接线；（b）三台电流互感器和电压互感器Ｙ/Ｙ接线

C　电流互感器 10% 误差曲线

短路故障时，通过电流互感器一次侧的电流远大于其额定电流，使铁心饱和，电流互

感器会产生很大的误差。为了控制误差在允许范围内（继电保护要求变比误差不超过 10%，角度误差不超过 7°），对接入电流互感器一次侧的电流及二次侧的负载阻抗有一定的限制。当变比误差为 10%、角度误差为 7° 时，饱和电流倍数 m（电流互感器一次侧的电流与一次侧额定电流的比值）与二次侧负载阻抗 Z_{L1} 的关系曲线，称为电流互感器 10% 误差曲线，如图 1-10 所示。

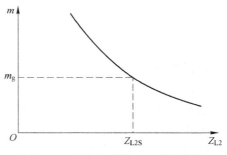

图 1-10 电流互感器 10% 误差曲线

根据此曲线，若已知通过电流互感器一次侧的最大电流，可查出允许的二次侧负载。反之，若已知电流互感器的二次负荷，可查出 m 值，计算出一次侧允许通过的最大电流。总之，饱和电流倍数 m 与二次负载阻抗的交点在 10% 误差曲线下方，误差就不超过 10%，既可满足继电保护的需要，也可根据此选择电流互感器或二次负载。

继电保护用电流互感器。为减轻电流互感器铁心饱和引起的保护动作不准确，满足某些保护（如差动保护）的要求，厂家生产了不同准确等级的电流互感器。其中 D 级的电流互感器铁心截面比普通的大，供差动、距离等保护装置用，B 级的电流互感器供过电流保护等用。因此在选择保护用电流互感器时要注意其型号。

当电流互感器不满足 10% 误差要求时，应采取以下措施：

（1）改用伏安特性较高的电流互感器二次绕组，提高带负荷的能力；

（2）提高电流互感器的电流比，或采用额定电流小的电流互感器，以减小一次电流倍数；

（3）串联备用相同级别电流互感器二次绕组，使带负荷能力增大一倍；

（4）增大二次电缆截面积，或采用消耗功率小的继电器，以减小二次负荷 Z_{L2}；

（5）将电流互感器的不完全星形接线方式改为完全星形，差电流接线方式改为不完全星形接线方式；

（6）改变二次负荷元件的接线方式，将部分负荷转移至互感器备用绕组，以减小计算负荷。

D 电流互感器分类

（1）按用途分。

1）测量用电流互感器（或电流互感器的测量绕组）。在正常工作电流范围内，向测量、计量等装置提供电网的电流信息。

2）保护用电流互感器（或电流互感器的保护绕组）。在电网故障状态下，向继电保护等装置提供电网故障电流信息。

（2）按绝缘介质分。

1）干式电流互感器。由普通绝缘材料经浸漆处理作为绝缘。

2）浇注式电流互感器。用环氧树脂或其他树脂混合材料浇注成型的电流互感器。

3）油浸式电流互感器。由绝缘纸和绝缘油作为绝缘，一般为户外型。目前我国在各种电压等级均为常用。

4）气体绝缘电流互感器。主绝缘由气体构成。

（3）按电流变换原理分。

1）电磁式电流互感器。根据电磁感应原理实现电流变换的电流互感器。

2）光电式电流互感器。通过光电变换原理以实现电流变换的电流互感器，目前还在研制中。

（4）按安装方式分。

1）贯穿式电流互感器。用来穿过屏板或墙壁的电流互感器。

2）支柱式电流互感器。安装在平面或支柱上，兼做一次电路导体支柱用的电流互感器。

3）套管式电流互感器。没有一次导体和一次绝缘，直接套装在绝缘的套管上的一种电流互感器。

4）母线式电流互感器。没有一次导体但有一次绝缘，直接套装在母线上使用的一种电流互感器。

1.3.2　变换器

1.3.2.1　变换器的定义

继电保护中的变换器主要用于整流型、静态型及数字型继电保护装置中。在继电保护装置中有些测量元件不能直接接到电流互感器或电压互感器的二次侧线圈中，而需要将电压互感器的二次电压降低或者是将电流互感器二次电流变为电压后，才能应用，这种中间变换装置就是测量变换器。

1.3.2.2　变换器的作用

保护装置动作判据主要为母线电压（线路电压）和线路电流，因此需要将母线（线路）电压互感器及电流互感器输出的二次电压、电流送入继电保护装置。若测量继电器为机电型，电流互感器或电压互感器二次侧直接接到继电器的线圈；若保护装置为整流型、晶体管型、微机型的继电器，电流互感器和电压互感器输出的二次电流、电压需要经变换器进行线性变换后，再接入测量电路。

A　变换器的基本作用

（1）电量变换。将互感器二次电压（额定值100V）、二次电流（额定值5A或1A）转换成弱电压（数伏），以适应弱电元件的要求。

（2）电气隔离。电流互感器和电压互感器二次侧的保护接地，是用于保证人身和设备安全的，而弱电元件往往与直流电源连接，直流回路不允许直接接地，故需要经变换器实现电气隔离。

（3）调节定值。整流型、晶体管型继电保护可以通过改变变换器一次或二次绕组抽头来改变测量继电器的动作值。

继电保护中常用的测量变换器有电压变换器（TVM）、电流变换器（TAM）和电抗变压器（TX），TVM的作用是电压变换，TAM、TX的作用是将电流变换成与之成正比的电压。图1-11所示为测量变换器原理接线图，其中点划线表示屏蔽接地。

B　电压变换器（TVM）

电压变换器结构原理与电压互感器、变压器相同，一般用来把输入的电压降低或使之可调节，其原理接线图如图 1-12（a）所示。

电压变换器一次侧与电压互感器（TV）相连，电压互感器二次侧有工作接地，电容 C 容量很小，起抗干扰作用。电压变换器只要一、二次侧存在漏阻抗，就会由于负载电流和励磁电流通过漏阻抗产生压降使变换器产生电压误差和角度误差。因此为了减小误差要求励磁电流小，连接负载阻抗要大，

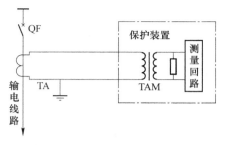

图 1-11　电流变换器（TAM）的
电气隔离作用示意图

漏抗要小，使铁心工作在磁化曲线的直线部分。电压变化期二次侧电压 U_2 与一次侧电压 U_r 的关系可近似地表示：

$$\dot{U}_2 = K_{UV}\dot{U}_r \tag{1-3}$$

式中　K_{UV} ——电压变换器的变化。

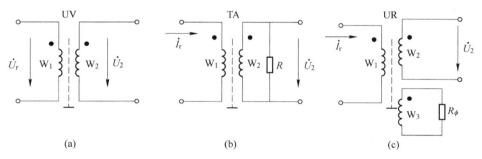

图 1-12　测量变换器原理图
（a）电压变换器；（b）电流变换器；（c）电抗变换器

C　电流变换器（TAM）

电流变换器的接线原理图如图 1-12（b）所示。电流变换器的作用是将一次侧电流 I_r 变换为一个与之成正比的二次侧电压 U_2。它由一个小型电流互感器和并联在二次侧的小负载电阻 R 所组成。由于中间变流器漏抗很小接近于零，在二次侧并联一个小电阻的目的是保证阻抗小于 R 且远远小于励磁阻抗使得励磁电流可忽略。这样二次电压可近似表示：

$$U_2 = IR_2 = RI_r/n = K_L I_r \tag{1-4}$$

式中　K_L ——电流变换器的变换系数。

当铁心不饱和时，输出电压波形保持一次测电流的波形。如严格要求 I_r 与 U_2 同相位时，可在 R 上并联一个小电容 C，其容抗等于励磁电抗使励磁电流被电容电流所补偿。

D　电抗变换器（TX）

电抗变换器也可以将电流互感器输出的二次电流变换为电压，其等效电路如图1-12（c）所示。电抗变换器输入电抗很小，串联于电流互感器二次回路，对于负荷，电抗变换器近似为电压源。电抗变换器励磁阻抗相对于负荷来说很小，可以认为一次电流全部用于励

磁，这样二次电压归算到一次侧的输出电压 $U' = I_1 Z_m$ ，不经归算的电压 $U_2 = K_2 I_1$ ，K_1 称为电抗变换器的转移阻抗。

1.3.3　继电器

1.3.3.1　继电器的定义

继电器是继电保护装置最基本的组成元件，是一种可自动动作的电器，当输入的某种物理量达到规定要求时就会动作，即在电气输出电路中使被控量发生预定的阶跃变化，使其常开触点闭合或者常闭触点断开，输出电信号。

1.3.3.2　继电器分类

（1）继电器按动作原理分类，有电磁型、感应性、整流型、晶体管型、集成型及微机型等几种。

（2）按作用分类，有测量继电器和辅助继电器两类。其中测量继电器按照不同测量参数分为：电流继电器、电压继电器、功率方向继电器、阻抗继电器、气体继电器等，辅助继电器根据用途不用分为：时间继电器、中间继电器、信号继电器等。

（3）按反应动作时物理量增大还是减小分类，有过量继电器、欠量继电器两大类。

1.3.3.3　电磁型电流继电器

A　构成

电磁型电流继电器依据构成原理，可分为螺管线圈式、吸引衔铁式、转动舌片式三种，如图 1-13 所示。主要由电磁铁、线圈、衔铁、反作用弹簧，动、静触点及止档构成。

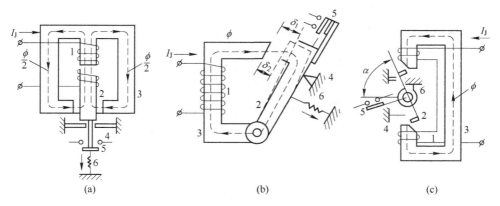

（a）　　　　　　　　　（b）　　　　　　　　　（c）

图 1-13　电磁型继电器的结构
（a）螺管线圈式；（b）吸引衔铁式；（c）转动舌片式
1—线圈；2—衔铁；3—电磁铁；4—静触点；5—动触点；6—反作用弹簧

B　工作原理

在继电器的线圈中流入电流 I_k 时，在铁心中产生磁通 F ，沿铁心、空气隙和衔铁构成闭合回路，衔铁被磁化后，产生电磁力 F 和电磁力矩 M_e。当 I_r 足够大时，电磁力矩足以克服弹簧的反作用力矩，衔铁被吸引向电磁铁，动合触点闭合，继电器动作。

扫一扫查看视频

电磁力矩 M_e 与磁通 Φ 的平方成正比：

$$M_e = K_1 \Phi^2 = K_2 \frac{I_k^2}{\delta^2} \qquad (1\text{-}5)$$

式中　　K_1，K_2——比例常数；

　　　　δ——气隙；

　　　　I_k——流入继电器的电流。

上式说明电磁力矩与电流平方成正比，与流入线圈中的电流方向无关，故采用电磁原理的继电器不仅可以构成直流继电器，也可构成交流继电器。交流继电器只用于测量继电器，如电流、电压继电器，直流继电器则多用于获得延时或出口、信号，如时间继电器、信号继电器、中间继电器等。

C　电流继电器的动作与返回

图1-14（a）所示为电磁型电流继电器，其字母表示为 KA，符号表示如图1-14（b）所示。电磁型电流继电器在电流保护中用作测量和启动元件，它是响应电流超过整定值时而动作的继电器。当输入电流生产的电磁力矩 M_e、弹簧力矩 M_s 和摩擦力矩 M_f，当输入电流很小时，电磁力矩无法克服弹簧力矩，继电器处于未动作的状态，触点断开，当电流增大，电磁力矩满足下式：

扫一扫查看视频

$$M_e \geq M_s + M_f \qquad (1\text{-}6)$$

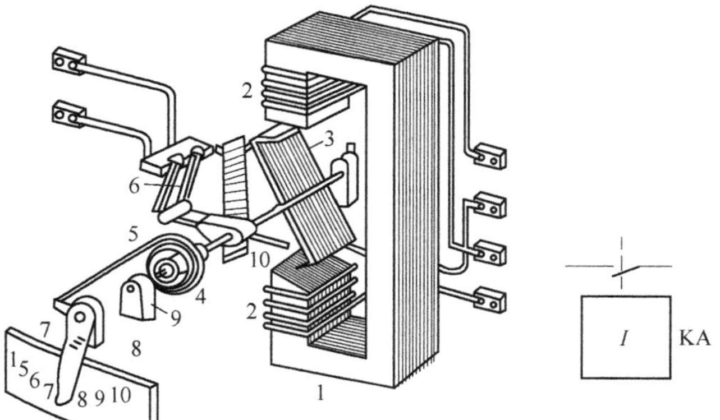

图 1-14　电磁型电流继电器

（a）电磁型电流继电器的结构图；（b）电流继电器的符号

1—电磁铁；2—线圈；3—Z形舌片；4—螺旋弹簧；5—动触点；6—静触点；

7—整定值调整把手；8—刻度盘；9—轴承；10—止档

衔铁转动，继电器动作，触点闭合。

当继电器动作后，将电流减小到电磁力矩不足以克服弹簧力矩时，继电器返回到初始状态，触点重新断开，继电器返回。继电器返回条件：

$$M_e \leqslant M_s - M_f \tag{1-7}$$

使电流继电器动作的最小电流称为动作电流，用 I_{OP} 表示；使电流继电器返回的最大电流称为返回电流，用 I_{re} 表示。

返回电流与动作电流的比值称为继电器的返回系数，用 K_{re} 表示：

$$K_{re} = \frac{I_{re}}{I_{OP}} \tag{1-8}$$

由于电流继电器的返回电流小于动作电流，所以电流继电器的返回系数小于1，一般为 0.85~0.9。

D　电流继电器内部接线方式

电流继电器内部接线方式共有两种，如图 1-15 所示，即串联和并联。串联接法电流动作值可由转动刻度盘上的指针所对应的电流值读出，并联接法电流动作值则为串联接法的 2 倍。

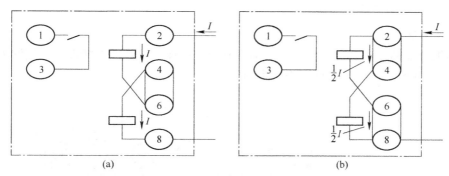

图 1-15　电流继电器内部接线图

（a）串联线圈；（b）并联线圈

E　电流继电器动作电流调整办法

（1）改变反作用弹簧力矩。即改变调整杆的位置，当调整杆向逆时针方向旋转时，弹簧反作用力矩增大，I_{OP} 增大；反之，I_{OP} 减小，此法可连续调整继电器的动作电流，在刻度盘上可直接读出整定值。

（2）电流继电器两个线圈的连接方法（串联或并联），线圈并联时的动作电流为串联时动作电流的 2 倍。

1.3.3.4　电磁型电压继电器

电磁型电压继电器分为过电压继电器和低电压继电器，其字母表示为 KV，其采用转动舌片式，与电磁型电流继电器不同的是线圈所用的导线细且匝数多，其阻抗较大，流入继电器中的电流正比于加在继电器线圈上的电压。

A　过电压继电器

过电压继电器是由于电压升高而动作的继电器，其图形及文字符号如图 1-16（a）所示。过电压继电器的工作原理与电流继电器相同，当输入电压高于整定值时，电磁力矩克服弹簧力矩及摩擦力矩，继电器动作，动合触点闭合。过电压继电器的返回系数 K_{re} < 1。

B　低电压继电器

低电压继电器是由于电压降低而动作的继电器，其图形及文字符号如图 1-16（b）所示。低电压继电器的工作特点是动作、返回时衔铁运动方向与电流继电器相反。电力系统正常运行时，低电压继电器处于励磁状态，其动断触点断开；当发生故障时，电压低于动作电压，继电器失磁，其动断触点闭合。

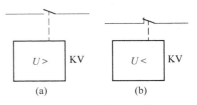

图 1-16　电压继电器
（a）过电压继电器；（b）低电压继电器

动作电压：能使低电压继电器动作，即使其常闭触点闭合的最大电压。

返回电压：能使低电压继电器返回，即使常闭触点打开的最小电压。低电压继电器返回系数 K_{re} > 1，一般情况下不大于 1.2。

1.3.3.5　辅助继电器

A　时间继电器

时间继电器的作用是建立保护装置动作延时，以保证动作的选择性。时间继电器字母表示为 KT，其电气符号表示如图 1-17 所示。

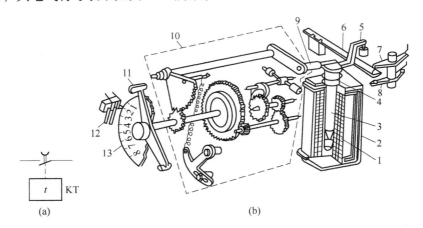

图 1-17　时间继电器

（a）时间继电器的符号；（b）DS-116 时间继电器的结构图

1—线圈；2—电磁铁；3—衔铁；4—返回弹簧；5—顶头；6—可顺动部分；7—固定顺动的动断触点；
8—固定顺动的动合触点；9—曲柄杠杆；10—钟表机构；11—动触点；12—静触点；13—刻度盘

时间继电器由螺管线圈式电磁型构件和一个钟表机构所构成。当螺管线圈通入电流时，衔铁在电磁力的作用下，克服弹簧反作用力而被吸入线圈；衔铁被吸入的同时，上紧钟表机构的发条，钟表机构开始带动可动触点，经整定延时闭合其触点。

图 1-18 所示的时间继电器工作是"延时动作，瞬时返回"，即线圈带点持续时间达到整定值时动作（延时触点动作），线圈失电是衔铁立即回到初始位置，继电器返回（顺时触点返回）。

B　中间继电器

中间继电器的电气符号是 **KM**，符号表示如图 1-19（a）所示，其作用是同时接通或断开几条独立回路，代替小容量触点以及带有不大的延时来满足保护的需要，在保护中起中间桥梁的作用。电流、电压继电器由于需要动作快，可动触点比较轻巧且容量较小，因而不能直接接通断路器跳闸电流，只能先接通中间继电器线圈回路，

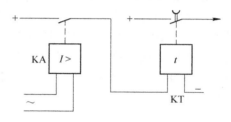

图 1-18　时间继电器的应用

再由中间继电器触点接通断路器跳闸回路，如图 1-19（b）所示。当中间继电器用于跳闸时，又称为出口中间继电器。

电磁型中间继电器一般采用吸引衔铁式，为保证在直流操作电源电压降低时，仍能可靠动作，要求中间继电器可靠动作电压不应超过额定电压的 70%。

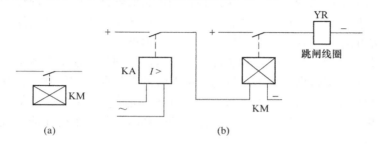

(a)　　　　　　　　　　　(b)

图 1-19　中间继电器

（a）中间继电器的符号；（b）中间继电器的应用

C　信号继电器

信号继电器的电气符号是 **KS**，符号表示如图 1-20（a）所示，其作用是在保护动作时发出灯光或声音信号，并对保护装置动作情况起记忆作用，以便记录保护装置动作情况，分析电力系统故障性质及保护的正确性。

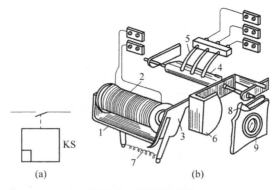

(a)　　　　　　　　　　　　(b)

图 1-20　信号继电器

（a）信号继电器的符号；（b）DX-11 型信号继电器的结构图

1—铁心；2—线圈；3—衔铁；4—动触点；5—静触点；6—信号掉牌；7—弹簧；8—复归把手；9—观察孔

供电系统常用的 DX-11 型电磁式信号继电器有电流型和电压型两种：电流型（串联型）信号继电器的线圈为电流线圈，阻抗小，串联在二次回路内不影响其他二次元件的动作；电压型信号继电器的线圈为电压线圈，阻抗大，必须并联使用，其结构如图 1-20（b）所示。当线圈加入的电流大于继电器动作值时，衔铁被吸起，信号牌失去支持，靠自身重量落下，且保持于垂直位置，通过窗口可以看到掉牌。与此同时，常开触点闭合，接通光信号和声信号回路。

任务 1.4　微 机 保 护

1.4.1　微机继电保护装置的硬件配置

微机保护与常规保护以不同的方法来实现相同的工作原理。其最大的区别在于前者不仅有实现继电保护功能的硬件，还有保护和管理供层的软件程序，常规保护只需要硬件电路即可。微机保护是常规保护的发展和进化，用微机来实现更为复杂的保护原理，而常规保护由不同的继电器来实现，所有逻辑和延时也都由继电器完成。

微机继电保护装置主要由硬件和软件两部分组成。硬件指模拟和数字电子电路，提供软件运行平台，并且提供微机保护装置与外部系统的电气联系；软件指计算机程序，由它按照保护原理和功能的要求对硬件进行控制，有序地完成数据采集、外部信息交换、数字运算和逻辑判断、动作指令执行等各项操作。硬件和软件相互配合才能实现微机保护原理和功能，两者缺一不可。

微机继电保护的主要组成部分是微型计算机，除了计算机外还要配备电力系统向计算机输入有关信息的输入接口和计算机向电力系统输出控制信息的输出接口。

微机继电保护硬件系统如图 1-21 所示。

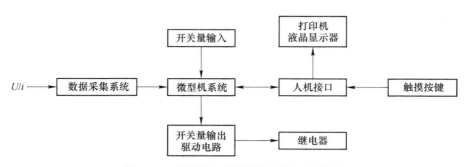

图 1-21　微机继电保护硬件系统示意框图

1.4.1.1　数据采集系统（模拟量输入系统）

数据采集系统又称为模拟量输入系统，其作用是隔离、规范输入电压或电流，并将来自电压互感器、电流互感器的模拟输入量转换成微机系统所需的数字量，以便与 CPU 接口相连。数据采集是微机保护装置中很重要的电路，保护装置的动作速度和测量精度都与该电路密切相关。

1.4.1.2　微机系统

微机系统是微机保护装置的智能核心部分，主要包括微处理器（MPU）、只读存储器（ROM）或闪存内存单位、随机存取存储器（RAM）、定时器、并行口及串行口等。微机执行存放在 ROM 中的程序，并对数据系统输入至 RAM 区的原始数据进行分析处理，实现各种继电器保护功能。在一套微机系统中如果只有一片 CPU 构成的微机系统称为单片微机系统，如图 1-22 所示；在一套微机系统中如果只有两片或两片以上的 CPU 构成的微机系统称为多 CPU 微机系统，如图 1-23 所示。

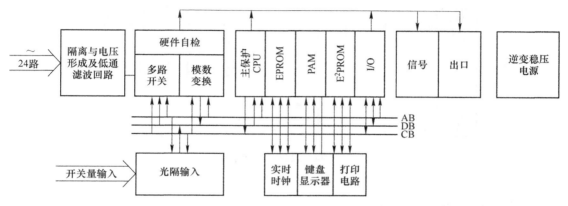

图 1-22　单片微机系统

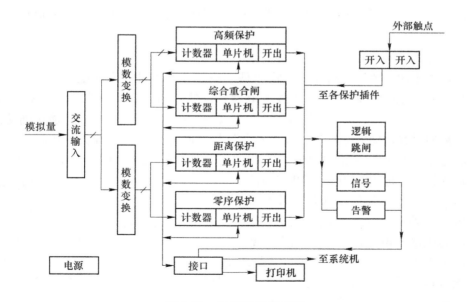

图 1-23　多 CPU 微机系统

单片微机系统 CPU 只有一个，整套保护装置的所有功能都在它的管理下完成，而多CPU 微机系统中每一个 CPU 可执行一部分任务，多个 CPU 之间是并行工作的。目前，多

CPU 微机系统分配方案有多种。例如，有两个 CPU 系统：其中一个 CPU 负责数据采集任务，另一个 CPU 则完成数据处理任务；或者一个 CPU 实现设备的主保护，另一个 CPU 实现后备保护；也有使两个 CPU 实现完全相同的任务，以实现微机保护系统硬件电路与软件的完全双重化，有利于提高微机保护的可靠性。

在复杂的微机保护中，一般有两个及以上 CPU 或单片机，此时，可由一个 CPU 或单片机实现人机对话功能，其他 CPU 或单片机分别完成不同的保护功能，这种硬件结构称为主从式多 CPU 并行工作系统。新型保护为了提高数据的处理能力，采用双数据处理系统，如图 1-24 所示。

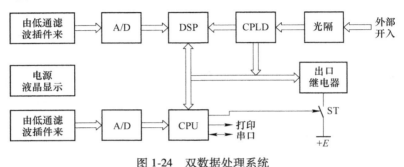

图 1-24 双数据处理系统

1.4.1.3 输入/输出接口

输入/输出接口由微型计算机若干个并行口适配器、光电隔离器件及有触点的中间继电器等组成，主要实现各种保护的出口跳闸、信号报警、外部触点输入及人机对话、通信等功能。

A 开关量输入电路

微机保护中的开关量泛指那些反映"是"或"非"两种状态的逻辑变量，如断路器的"合闸"或"分闸"状态、开关或继电器触点的"通"或"断"状态、控制信号的"有"或"无"状态等。继电保护装置常常需要确知相关开关量的状态才能正确动作，外部设备一般通过其辅助继电器触点的"闭合"与"断开"来提供开关量状态信号。由于开关量状态正好对应二进制数字的"1"或"0"，所以开关量可作为数字量读入，因此，开关量输入接口简称为 DI 接口。DI 接口的作用就是为开关量提供输入通道，并在微机保护装置内外部之间实现电气隔离，以保证内部弱电电子电路的安全或减少外部干扰。图 1-25 所示是典型的 DI 接口电路，它使用光电耦合器件实现电气隔离。光电耦合器件内部由发光二极管和光敏晶体管组成。目前常用的光电耦合器件为电流型，当外部继电器触点闭合时，电流经限流电阻 R 流经发光二极管时发光，光敏晶体管

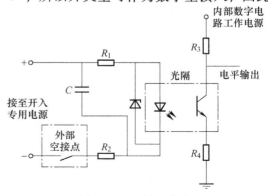

图 1-25 DI 接口电路

受光照而导通，其输出呈现低电平"0"；反之，当外部继电器触点断开时，无电流流过发光二极管，光敏晶体管无照射而截止，其输出端呈现出高电平"1"。该"0""1"状态可作为数字量 CPU 直接读入，也可控制中断控制器向 CPU 发出中断请求。

B 开关量输出电路

微机保护装置通过开关量输出的"1"或"0"状态来控制执行回路，因此开关量输出接口简称为 DO 接口。DO 接口的作用是为正确地发出开关量操作命令提供输出通道，并在微机保护装置内外部之间实现电气隔离，以保证内部弱电电子电路的安全和减少外部干扰。图 1-26 所示是典型的 DO 接口电路。继电器线圈两端并联的二极管称为续流二极管。它在 CPU 的输出量由"0"变为"1"，光敏晶体管突然由"导通"变为"截止"时，为继电器线圈释放储存的能量提供电流通路，这样一方面加快继电器的返回，另一方面避免电流突然产生较高的反向电压而引起相关元件的损坏和产生强烈的干扰信号。

1.4.1.4 电源

微机保护的电源是一套保护装置的重要组成部分，要求其性能好，具有较强的抗干扰能力。通常采用的是逆变稳压电源，一般集成电路的工作电压为 5V，数据采集系统的芯片通常采用双极性的 ±12V 或 ±15V，继电器回路的电压是 24V。因此，微机保护装置的电源至少要提供 5V、±15V、24V 等几个电压等级，而且各级之间应不共地，以免相互干扰甚至损坏芯片，如图 1-26 所示。

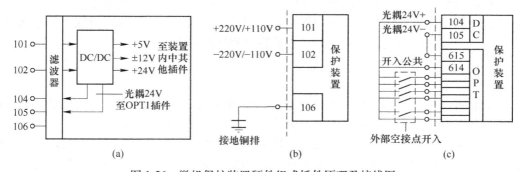

图 1-26 微机保护装置硬件组成插件原理及接线图
（a）原理逻辑框图；（b）电源直流线接入端子；（c）外部开关量输入端子

1.4.1.5 人机接口部分回路

人机接口部分主要功能用于人机对话，如调试、定值整定、工作方式设定、动作行为记录、与系统通信等。人机接口部分可以通过键盘、液晶显示、打印及信号灯、音响和语言告警等方式来实现人机对话。按键是人机联系的输入手段，可以输入命令、地址、数据；打印机和液晶显示器主要用作人机联系的输出设备，可以显示调试结果及故障后的报告。

1.4.2 微机保护装置的软件系统配置

微机保护的软件系统分为接口软件和保护软件两大部分。

1.4.2.1 接口软件

接口软件是指人机接口部分的软件,其程序可分为监控程序和运行程序。调试方式下执行监控程序,运行方式下执行运行程序。执行哪一部分程序是由接口面板的工作方式或显示器上显示的菜单来决定的。

监控程序主要就是键盘命令处理程序,是为接口插件(或电路)及各 CPU 保护插件(或采样电路)进行调节和整定而设置的程序。

接口的运行程序由主程序和定时中断服务程序构成。主程序主要完成巡检(各 CPU 保护插件)、键盘扫描和处理及故障信息的排列和打印。定时中断服务程序包括以下几个部分:软件时钟程序、以硬件时钟控制并同步各 CPU 插件的软时钟、检测各 CPU 插件起动元件是否动作的检测起动程序。软件时钟就是每经 1.66ms 产生一次定时中断,在中断服务程序中软件计数器加 1,当软计数器加到 600 时,秒计数加 1。

1.4.2.2 保护软件的配置

各保护 CPU 插件的保护软件配置为主程序和中断服务程序。主程序一般有初始化和自检循环模块、保护逻辑判断模块和跳闸处理模块三个基本模块。通常把保护逻辑判断和跳闸处理总称为故障处理模块。对于不同的原理的保护,一般而言,前后两个模块基本相同,而保护逻辑判断模块就随不同的保护装置而相差甚远。

中断服务程序一般包括定时采样中断服务程序和串行口通信中断服务程序。在不同的保护装置中,采样算法有些不同或因保护装置有特殊要求,使得采样中断服务程序部分也不尽相同。不同保护的通信规约不同,也会造成程序的很大差异。

1.4.2.3 保护软件的三种工作状态

保护软件有运行、调试和不对应状态三种工作状态。不同状态时程序流程也就不相同。有的保护软件没有不对应状态,只有运行和调试两种工作状态。

选择保护插件面板的方式开关或显示器菜单选择为"运行",则该保护就处于运行状态,执行相应的保护主程序和中断服务程序。当选择为"调试"时,复位 CPU 后就工作在调试状态。当选择为"调试"但不复位 CPU 并且接口插件工作在运行状态时,就处于不对应状态,也就是说,保护 CPU 插件与接口插件状态不对应。设置不对应状态是为了对模数插件进行调整,防止在调试过程中保护频繁动作及告警。

1.4.2.4 中断服务程序及其配置

A "中断"的作用

"中断"是指 CPU 暂时停止原程序执行转为外部设备服务(执行中断服务程序),并在服务完成后自动返回原程序的执行过程。采用"中断"方式可以提高 CPU 的工作效率,提高实时数据的处理时效。保护执行运行程序时,需要在限定的极短时间内完成数据采样,在限定时间内完成分析判断并发出跳闸合闸命令或告警信号等,当产生外部随机事件(主要是指电力系统状态、人机对话、系统机的串行通信要求)时,凡需要 CPU 立即响应并及时处理的事件,就要求保护中断自己正在执行的程序,而去执行中断服务程序。

B　保护的中断服务程序配置

根据中断服务程序基本概念的分析,一般保护装置总是配有定时采样中断服务程序和串行通信中断服务程序。对单 CPU 保护,CPU 除保护任务之外还有人机接口任务,因此还可以配置有键盘中断服务程序。

保护定时采样系统状态时,一般采用定时器中断方式的采样中断服务程序,即每经1.66ms 中断原程序的运行,采样服务程序称为定时序。采样结束后通过存储器中的特定存储单元将采样计算结果传送给原程序,然后再回去执行被中断的原程序。在采样中断服务程序中,除了采样和计算外,通常还含有保护的起动元件程序及保护某些重要程序。如高频保护在采样中断服务程序中安排检查收发信机的收信情况;距离保护中还设有两键全相电流差突变元件,用以检测发展性故障;零序保护中设有 $3U_0$ 突变量元件等,因此保护的采样中断服务程序是微机保护的重要软件组成部分。

串行口通信中断服务程序是为满足系统机与保护的通信要求而设置的,这种通信常采用主从式串行口通信来实现。当系统主机对保护装置有通信要求时,或者接口 CPU 对保护 CPU 提出巡检要求时,保护串行通信口就提出中断请求,在中断响应时,就转去执行串行口通信的中断服务程序。串行通信是按一定的通信规约进行的,其通信数字帧常有地址帧和命令帧两种。系统机或接口 CPU(主机)通过地址帧呼唤通信对象,被呼唤的通信对象(主机)就执行命令帧中的操作任务。从机中的串行口中断服务程序就是按照一定规约,鉴别通信地址和执行主机的操作命令的程序。

保护装置还应随时接受工作人员的干预,即改变保护装置的工作状态、查询系统运行参数、调试保护装置,这就是利用人机对话方式来干预保护工作。这种人机对话是通过键盘方式进行的,常用键盘中断服务程序来完成。有的保护装置不采用键盘中断方式,而采用查询方式。当按下键盘时,通过硬件产生了中断要求,中断响应时就转去执行中断服务程序。键盘中断服务程序或键盘处理程序常属于监控程序的一部分,它把被按的键符及其含义翻译出来并传递给原程序。

1.4.2.5　微机保护的算法

A　概述

微机继电保护用数学运算方法实现故障量的测量、分析和判断,而运算的基础是若干个离散的、量化了的数字采样序列。因此,微机继电保护的一个基本问题是寻找适当的离散运算方法,使运算结果的精确度能满足工程要求。微机保护装置根据模数转换器提供的输入电气量的采样数据进行分析、运算和判断,以实现各种继电保护的功能的方法称为算法。按算法的目标可分为两大类:一类是根据输入电气量的若干点采样值通过数学式或方程式计算出保护所反映的量值,然后与给定值进行比较;另一类算法,它是直接模仿模拟型保护的实现方法,根据动作方程来判断是否在动作区内,而不计算出具体的数值。虽然这一类算法所依循的原理和常规的模拟型保护相同,但通过计算机所特有的数学处理和逻辑运算,可以使某些保护的性能有明显的提高。例如,为实现距离保护,可根据电压和电流的采样值计算出复阻抗的模和幅角或阻抗的电阻和电抗分量,然后同给定的阻抗动作区进行比较。这一类算法利用了微机能进行数值计算的特点,从而实现许多常规保护无法实现的功能。这种数字距离保护的动作特性的形状是可以非常灵活的,不像常规距离保护的动作特性形状决定于一定的动作方程。继电保护的类型很多，然而，不论哪一类保护的算法，其核心问题归结于算出可表征被保护对象运行特点的物理量，如电流和电压的有效值、相位、阻抗等，或者是算出它们的相序分量、基波分量和某次谐波分量的大小和相位等。利用这些基本的电气量的计算值，就可以很容易地构成各种不同原理的保护。

算法是研究微机保护的重点之一，分析和评价各种不同的算法优劣的标准是精度和速度。速度包括两个方面的内容：一是算法所要求的数据窗长度（或称采样点数）；二是算法运算工作量。精度和速度又总是相互矛盾的。若要计算精确则往往要利用更多的采样点和进行更多的计算工作量。

研究算法的实质是如何在速度和精度两方面进行权衡。所以有的快速保护选择的采样点数较少，而后备保护不要求很高的计算速度，但对计算精度要求就提高了，选择采样点数就较多。对算法除了有精度和速度要求之外，还要考虑算法的数字滤波功能，有的算法本身就具有数字滤波功能，所以评价算法时要考虑对数字滤波的要求。没有数字滤波功能的算法，其保护装置采样电路部分就要考虑装设模拟滤波器。微机保护的数字滤波用程序实现，因此不受温度影响，也不存在元件老化和负载阻抗匹配等问题。模拟滤波器还会因元件差异而影响滤波效果，可靠性较低。

B　数字滤波

数字滤波器不同于模拟滤波器，它不是一种纯硬件构成的滤波器，而是由软件编程去实现，改变算法或某些系数即可改变滤波性能，即滤波器的幅频特性和相频特性。

在微机保护中广泛使用的简单的数字滤波器，是一类用加减运算构成的线性滤波单元。它们的基本形式主要有差分滤波、加法滤波、积分滤波等。现以差分滤波为例做简单介绍。

差分滤波器输出信号的差分方程形式：

$$y(n) = x(n) - x(n - k) \tag{1-9}$$

式中，$x(n)$、$y(n)$ 分别是滤波器在采样时刻 n 的输入与输出；$x(n-k)$ 是 n 时刻以前第 k 个采样时刻的输入，$k \geq 1$。

对式（1-9）进行 Z 变换，可得传递函数 $H(z)$：

$$y(z) = x(z)(1 - z^{-k}) \tag{1-10}$$

$$H(z) = \frac{Y(z)}{X(z)} = 1 - z^{-k} \tag{1-11}$$

将 $Z = e^{j\omega T_S}$ 代入式（1-11）中，即得差分滤波器的幅频特性如式（1-12）所示：

$$\left| H(e^{j\omega T_S}) \right| = \sqrt{(1 - \cos k\omega T_S)^2 + \sin^2 k\omega T_S} = 2\left| \sin\frac{k\omega T_S}{2} \right| \tag{1-12}$$

由式（1-3）可知，设需滤除谐波次数为 m，差分步长为 k（k 次采样），则此时 $\omega = m\omega_1 = m \cdot 2f_1$，应使 $H(e^{j\omega T_S}) = 0$。令：

$$2\left| \sin\frac{kmf_1\pi}{f_s} \right| = 0 \tag{1-13}$$

则有：

$$\frac{kmf_1\pi}{f_s} = l\pi, \quad l = 1, 2, 3\cdots \tag{1-14}$$

$$m = l \frac{f_s}{kf_1} = l \frac{N}{K} = lm_0 \; ; \quad m_0 = \frac{N}{k} \tag{1-15}$$

当 N（即 f_s 和 f_1）取值已定时，采用不同的 l 和 k 值，便可滤除 m 次谐波。

C 正弦函数模型算法

（1）半周积分算法。半周积分算法的依据是：

$$S = \int_0^{\frac{T}{2}} U_m \sin\omega t \, dt = -\frac{U_m}{\omega} \cos\omega t \Big|_0^{\frac{T}{2}} = \frac{2}{\omega} U_m = \frac{T}{\pi} U_m \tag{1-16}$$

即正弦函数半周积分与其幅值成正比。

式（1-16）的积分可以用梯形法则近似求出：

$$S \approx \left(\frac{1}{2} |u_0| + \sum_{k=1}^{N/2-1} |u_k| + \frac{1}{2} |u_{N/2}| \right) T_s \tag{1-17}$$

式中　u_k ——第 k 次采样值；

　　　N ——周期 T 内的采样点数；

　　u_0 —— $k = 0$ 时的采样值；

　　$u_{N/2}$ —— $k = N/2$ 时的采样值。

求出积分值 S 后，应用式（1-16）可求得幅值。

（2）导数算法。导数算法是利用正弦函数的导数为余弦函数这一特点求出采样值的幅值和相位的一种算法。

设：
$$u = U_m \sin\omega t$$
$$i = I_m \sin(\omega t - \theta)$$

则：
$$u' = \omega U_m \cos\omega t \tag{1-18}$$
$$i' = \omega I_m \cos(\omega t - \theta)$$
$$u'' = -\omega^2 U_m \sin\omega t$$
$$i'' = -\omega^2 I_m \sin(\omega t - \theta)$$

很容易得出：

$$u^2 + \left(\frac{u'}{\omega} \right)^2 = U_m^2 \quad \text{或} \quad \left(\frac{u'}{\omega} \right)^2 + \left(\frac{u''}{\omega^2} \right)^2 = U_m^2 \tag{1-19}$$

$$i^2 + \left(\frac{i'}{\omega} \right)^2 = I_m^2 \quad \text{或} \quad \left(\frac{i'}{\omega} \right)^2 + \left(\frac{i''}{\omega^2} \right)^2 = I_m^2 \tag{1-20}$$

和
$$z^2 = \frac{U_m^2}{I_m^2} = \frac{\omega^2 u^2 + u'^2}{\omega^2 i^2 + i'^2} \tag{1-21}$$

根据式（1-18），我们也可推导出：

$$\frac{ui'' - u'i'}{ii'' - i'^2} = \frac{U_m}{I_m} \cos\theta = R \tag{1-22}$$

$$\frac{u'i - ui'}{ii'' - i'^2} = \frac{U_m}{\omega I_m} \sin\theta = \frac{X}{\omega} = L \tag{1-23}$$

式（1-19）~式（1-27）中，u、i 对应 t_k 时为 u_k、i_k，均为已知数，而对应 t_{k-1} 和 t_{k+1} 的

u、i 为 u_{k-1}、u_{k+1}、i_{k-1}、i_{k+1}，也为已知数，此时：

$$u'_k = \frac{u_{k+1} - u_{k-1}}{2T_s} \tag{1-24}$$

$$i'_k = \frac{i_{k+1} - i_{k-1}}{2T_s} \tag{1-25}$$

$$u''_k = \frac{1}{T_s}\left(\frac{u_{k+1} - u_k}{T_s} - \frac{u_k - u_{k-1}}{T_s}\right) = \frac{1}{(T_s)^2}(u_{k+1} - 2u_k + u_{k-1}) \tag{1-26}$$

$$i''_k = \frac{1}{T_s}\left(\frac{i_{k+1} - i_k}{T_s} - \frac{i_k - i_{k-1}}{T_s}\right) = \frac{1}{(T_s)^2}(i_{k+1} - 2i_k + i_{k-1}) \tag{1-27}$$

导数算法最大的优点是它的"数据窗"即算法所需的相邻采样数据是三个，计算速度快。导数算法的缺点是当采样频率较低时，计算误差较大。

（3）两采样值积算法。两采样值积算法是利用两个采样值以推算出正弦曲线波形，即用采样值的乘积来计算电流、电压、阻抗的幅值和相角等电气参数的方法，属于正弦曲线拟合法，这种算法的特点是计算的判定时间较短。

设有正弦电压、电流波形在任意两个连续采样时刻 t_k、t_{k+1}（$t_{k+1} = t_k + T_s$）进行采样，并设被采样电流滞后电压的相位角为 θ，则 t_k 和 t_{k+1} 时刻的采样值分别表示为式（1-28）和式（1-29）。

$$u_1 = U_m\sin\omega t_k \tag{1-28}$$
$$i_1 = I_m\sin(\omega t_k - \theta)$$
$$u_2 = U_m\sin\omega t_{k+1} = U_m\sin\omega(t_k + T_s) \tag{1-29}$$
$$i_2 = I_m\sin(\omega t_{k+1} - \theta) = I_m\sin[\omega(t_k + T_s) - \theta]$$

式中，T_s 为两采样值的时间间隔，即 $T_s = t_{k+1} - t_k$。

由式（1-28）和式（1-29），取两采样值乘积，则有：

$$u_1 i_1 = \frac{1}{2}U_m I_m[\cos\theta - \cos(2\omega t_k - \theta)] \tag{1-30}$$

$$u_2 i_2 = \frac{1}{2}U_m I_m[\cos\theta - \cos(2\omega t_k + 2\omega T_s - \theta)] \tag{1-31}$$

$$u_1 i_2 = \frac{1}{2}U_m I_m[\cos(\theta - \omega T_s) - \cos(2\omega t_k + \omega T_s - \theta)] \tag{1-32}$$

$$u_2 i_1 = \frac{1}{2}U_m I_m[\cos(\theta + \omega T_s) - \cos(2\omega t_k + \omega T_s - \theta)] \tag{1-33}$$

式（1-30）和式（1-31）相加，得：

$$u_1 i_1 + u_2 i_2 = \frac{1}{2}U_m I_m[2\cos\theta - 2\cos\omega T_s\cos(2\omega t_k + \omega T_s - \theta)] \tag{1-34}$$

式（1-32）和式（1-33）相加，得：

$$u_1 i_2 + u_2 i_1 = \frac{1}{2}U_m I_m[2\cos\omega T_s\cos\theta - 2\cos(2\omega t_k + \omega T_s - \theta)] \tag{1-35}$$

将式（1-35）乘以 $\cos\omega T_s$ 再与式（1-35）相减，可消去 ωt_k 项，得：

$$U_m I_m \cos\theta = \frac{u_1 i_1 + u_2 i_2 - (u_1 i_2 + u_2 i_1)\cos\omega T_s}{\sin^2\omega T_s} \tag{1-36}$$

同理，由式（1-32）与式（1-33）相减消去 ωt_k 项，得：

$$U_m I_m \sin\theta = \frac{u_1 i_2 - u_2 i_1}{\sin\omega T_s} \tag{1-37}$$

在式（1-37）中，如用同一电压的采样值相乘，或用同一电流的采样值相乘，此时可得：

$$U_m^2 = \frac{u_1^2 + u_2^2 - 2u_1 u_2 \cos\omega T_s}{\sin\omega^2 T_s} \tag{1-38}$$

$$I_m^2 = \frac{i_1^2 + i_2^2 - 2i_1 i_2 \cos\omega T_s}{\sin^2\omega T_s} \tag{1-39}$$

由于 T_s、$\sin\omega T_s$、$\cos\omega T_s$ 均为常数，只要送入时间间隔 T_s 的两次采样值，便可按式（1-38）和式（1-39）计算出 U_m、I_m。

以式（1-39）去除式（1-36）和式（1-37）还可得测量阻抗中的电阻和电抗分量，即：

$$R = \frac{U_m}{I_m}\cos\theta = \frac{u_1 i_1 + u_2 i_2 - (u_1 i_2 + u_2 i_1)\cos\omega T_s}{i_1^2 + i_2^2 - 2i_1 i_2 \cos\omega T_s} \tag{1-40}$$

$$X = \frac{U_m}{I_m}\sin\theta = \frac{(u_1 i_2 - u_2 i_1)\sin\omega T_s}{i_1^2 + i_2^2 - 2i_1 i_2 \cos\omega T_s} \tag{1-41}$$

由式（1-38）和式（1-39）也可求出阻抗的模值：

$$z = \frac{U_m}{I_m} = \sqrt{\frac{u_1^2 + u_2^2 - 2u_1 u_2 \cos\omega T_s}{i_1^2 + i_2^2 - 2i_2 i_1 \cos\omega T_s}} \tag{1-42}$$

由式（1-40）和式（1-41）还可求出 U、I 之间的相角差 θ：

$$\theta = \arctan\frac{(u_1 i_2 - u_2 i_1)\sin\omega T_s}{u_1 i_1 + u_2 i_2 - (u_1 i_2 + u_2 i_1)\cos\omega T_s} \tag{1-43}$$

若取 $\omega T_s = 90^0$，则式（1-39）~式（1-44）可进一步化简，进而大大减少了计算机的运算时间。

D 傅里叶算法（傅氏算法）

（1）全周波傅里叶算法。根据傅里叶级数，将待分析的周期函数电流信号 $i(t)$ 表示：

$$i(t) = I_0 + \sum_{n=1}^{\infty} I_{nc}\cos n\omega_1 t + \sum_{n=1}^{\infty} I_{ns}\sin n\omega_1 t \tag{1-44}$$

可用 $\cos n\omega_1 t$ 和 $\sin n\omega_1 t$ 分别乘式（1-44）两边，然后在 t_0 到 $t_0 + T$ 积分，得到：

$$I_{nc} = \frac{2}{T}\int_{t_0}^{t_0+T} i(t)\cos n\omega_1 t \mathrm{d}t \tag{1-45}$$

$$I_{ns} = \frac{2}{T}\int_{t_0}^{t_0+T} i(t)\sin n\omega_1 t \mathrm{d}t \tag{1-46}$$

每工频周期 T 采样 N 次，对式（1-45）和式（1-46）用梯形法数值积分来代替，则得：

$$I_{nc} = \frac{2}{N} \sum_{k=1}^{N} i_k \cos k \frac{2\pi n}{N} \tag{1-47}$$

$$I_{ns} = \frac{2}{N} \sum_{k=1}^{N} i_k \sin k \frac{2\pi n}{N} \tag{1-48}$$

式中 k，i_k——第 k 采样及第 k 个采样值。

电流 n 次谐波幅值（最大值）和相位（余弦函数的初相）：

$$I_{mm} = \sqrt{I_{ns}^2 + I_{nc}^2} \tag{1-49}$$

$$\theta_n = \arctan \frac{I_{ns}}{I_{nc}} \tag{1-50}$$

写成复数形式有：

$$\dot{I}_n = I_{nc} + \mathrm{j}I_{ns} \tag{1-51}$$

对于基波分量，若每周采样 12 点（$N = 12$），则式（1-47）和式（1-48）可简化：

$$6I_{1c} = \frac{\sqrt{3}}{2}(i_1 - i_5 - i_7 + i_{11}) + \frac{1}{2}(i_2 - i_4 - i_8 + i_{10}) - i_6 + i_{12} \tag{1-52}$$

$$6I_{1s} = (i_3 - i_9) + \frac{1}{2}(i_1 + i_5 - i_7 - i_{11}) + \frac{\sqrt{3}}{2}(i_2 + i_4 - i_8 - i_{10}) \tag{1-53}$$

在微机保护的实际编程中，为尽量避免采用费时的乘法指令，在准确度容许的情况下，为了获得对采样结果分析计算的快速性，可用式（1-18）近似代替上两式中的 $\sqrt{3}/2$，而后 1/2 和 1/8 采用较省时的移位指令来实现。

全周波傅里叶算法本身具有滤波作用，在计算基频分量时，能抑制恒定直流和消除各整数次谐波，但对衰减的直流分量将造成基频（或其他倍频）分量计算结果的误差。另外用近似数值计算代替积也会导致一定的误差。算法的数据窗为一个工频周期，属于长数据窗类型，响应时间较长。

（2）半周波傅里叶算法。其原理和全周波傅里叶算法相同，其计算公式：

$$I_{ns} = \frac{4}{N} \sum_{k=1}^{N/2} i_k \sin k \frac{2\pi n}{N} \tag{1-54}$$

$$I_{nc} = \frac{4}{N} \sum_{k=1}^{N/2} i_k \cos k \frac{2\pi n}{N} \tag{1-55}$$

半周波傅里叶算法的数据窗为半个工频周期，响应时间较短，但该算法基频分量计算结果受衰减的直流分量和偶次谐波的影响较大，奇次谐波的滤波效果较好。为消除衰减的直流分量的影响，可采用各种补偿算法，如采用一阶差分法（即减法滤波器），将滤波后的采样值再代入半周波傅里叶算法的计算公式，将取得一定的补偿效果。

实践提高 1.5 电磁型继电器的特性

实践项目依托 EPL-Ⅰ型电力系统继电特性及继电保护装置。

1.5.1 目的

（1）熟悉 DL 型电流继电器和 DY 型电压继电器的实际结构、工作原理、基本特性。

（2）掌握动作电流、动作电压参数的整定。

1.5.2　预习与思考

（1）电流继电器的返回系数为什么恒小于1？
（2）动作电流（压）、返回电流（压）和返回系数的定义是什么？
（3）实验结果如返回系数不符合要求，读者能正确地进行调整吗？
（4）返回系数在设计继电保护装置中有何重要用途？

1.5.3　原理说明

DL-20C 系列电流继电器和 DY-20C 系列电压继电器为电磁式继电器，由电磁系统、整定装置、接触点系统组成。当线圈导通时，衔铁克服游丝的反作用力矩而动作，使动合触点闭合。转动刻度盘上的指针，可改变游丝的力矩，从而改变继电器的动作值。改变线圈的串联或并联，可获得不同的额定值。

DL-20C 系列电流继电器铭牌刻度值，为线圈并联时的额定值。继电器用于反映发电机、变压器及输电线短路和过负荷的继电保护装置中。

DY-20C 系列电压继电器铭牌刻度值，为线圈串联时的额定值。继电器用于反映发电机、变压器及输电线路的电压升高（过压保护）或电压降低（低电压起动）的继电保护装置中。

1.5.4　实践设备

设备列表见表1-1。

表1-1　设备列表

序号	设备名称	使 用 仪 器 名 称
1	控制屏	
2	EPL-20A	变压器及单相可调电源
3	EPL-04	继电器（一）——DL-21C 过电流继电器
4	EPL-05	继电器（二）——DY-28C 低电压继电器
5	EPL-11	交流电压表
6	EPL-11	交流电流表
7	EPL-11	直流电源及母线
8	EPL-12B	光示牌

1.5.5　实践内容及步骤

整定点的动作值、返回值及返回系数测试如下所述。

1.5.5.1　电流继电器的动作电流和返回电流测试

（1）选择 EPL-04 组件的 DL-21C 过电流继电器（额定电流为 6A），确定动作值并进行整定。本实验整定值为2.7A及5.4A两种工作状态。

注意：本继电器在出厂时已把转动刻度盘上的指针调整到2.7A，学生也可以拆下玻璃罩自行调整电流整定值。

（2）根据整定值要求确定继电器线圈接线方式。

注意：

· 过电流继电器线圈可采用串联或并联接法，其中串联接法电流动作值可由转动刻度盘上的指针所对应的电流值读出，并联接法电流动作值则为串联接法的2倍。

· 串并联接线时需注意线圈的极性，应按照要求接线，否则得不到预期的动作电流值。

（3）按图1-27接线（采用串联接法），调压器T、变压器T_2和电阻R均位于EPL-20A，220V直流电源位于EPL-11，交流电流表位于EPL-11，量程为10A。并把调压器旋钮逆时针调到底。

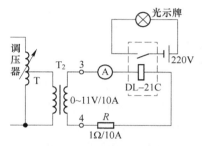

图1-27　过电流继电器接线图

（4）检查无误后，合上主电路电源开关和220V直流电源船型开关，顺时针调节自耦调压器，增大输出电流，并同时观察交流电流表的读数和光示牌的动作情况。

注意：

当电流表的读数接近电流整定值时，应缓慢对自耦调压器进行调节，以免电流变化太快。

当光示牌由灭变亮时，说明继电器动作，观察交流电流表并读取电流值。记入表1-2，用起动电流I_{OP}表示（能使继电器动作的最小电流值）。

（5）继电器动作后，反向缓慢调节调压器降低输出电流，当光示牌由亮变灭时，说明继电器返回。记录此时的电流值称为返回电流，用I_{re}表示（能使继电器返回的最大电流值），记入表1-2，并计算返回系数。

继电器的返回系数是返回与动作电流的比值，用K_{re}表示。

过流继电器的返回系数为0.8~0.9。当小于0.8或大于0.9时，应进行调整，调整方式见附。

（6）改变继电器线圈接线方式（采用并联接法），重复以上步骤。

表1-2　过流继电器实验结果记录表

整定电流 I/A	2.7A				5.4A			
测试序号	1	2	3		1	2	3	
实测起动电流 I_{OP}/A				线圈接线				线圈接线
实测返回电流 I_{re}/A				方式：				方式：
返回系数 K_{re}								
起动电流与整定电流误差/%								

1.5.5.2　低压继电器的动作电压和返回电压测试

（1）选 EPL-05 中的 DY-28C 型低压继电器（额定电压为 30V），确定动作值并进行初步整定。本装置的电压整定值为 24V 及 48V 两种工作状态。

（2）根据整定值需求确定继电器接线方式。

注意：

· 低压继电器线圈可采用串联或并联接法，其中并联接法电压动作值可由转动刻度盘上的指针所对应的电压值读出，串联接法电压动作值则为并联接法的 2 倍。

· 串并联接线时需注意线圈的极性，应按照要求接线，否则得不到预期的动作电压值。

（3）对于电压继电器的线圈采用串联接法，调压器 T 位于 EPL-20A，220V 直流电源位于 EPL-11，交流电压表位于 EPL-11，量程为 200V。并把调压器旋钮逆时针调到底。

低压继电器接线图如图 1-28 所示。

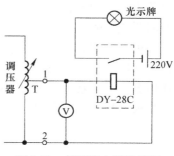

图 1-28　低压继电器接线图

（4）顺时针调节自耦调压器，增大输出电压，并同时观察交流电压表的读数和光示牌的动作情况。当光示牌由灭变亮后，再逆时针调节自耦调压器逐步降低电压，并观察光示牌的动作情况。

注意：

当电压表的读数接近电压整定值时，应缓慢对自耦调压器进行调节，以免电压变化太快。当光示牌由亮变灭时，说明继电器舌片开始跌落。记录此时的电压称为动作电压 U_{OP}。

（5）再缓慢调节自耦调压器升高电压，当光示牌由灭变亮时，说明继电器舌片开始被吸上。记录此时的电压称为返回电压 U_{re}，将所取得的数值记入表 1-3 并计算返回系数。返回系数 K_{re} 为：

$$K_{re} = \frac{U_{re}}{U_{OP}}$$

低压继电器的返回系数不大于 1.25。将所得结果记入表 1-3。

（6）改变继电器线圈接线方式（采用并联接法），重复以上步骤。

表 1-3　低压继电器实验结果记录表

整定电压 U/V	24V				48V			
测试序号	1	2	3		1	2	3	
实测起动电压 U_{OP}/V				线圈接线方式：				线圈接线方式：
实测返回电压 U_{re}/V								
返回系数 K_{re}								
起动电压与整定电压误差/%								

小　　结

电力系统发生故障时，通常都会伴随着电流的升高和电压的降低，而继电保护就是利用这一现象来发现故障，判断故障的位置和类型。

继电器的动作值、返回值及返回系数都是其基本参数，但在反映过量继电器和反映欠量继电器的动作值、返回值及返回系数，其含义是不一样的，电磁型继电器主要有电流继电器、电压继电器、中间继电器、时间继电器及信号继电器等。

了解微机保护的结构及各部分组成，微机保护的软件配置及各部分的作用。微机保护装置的软件通常分为监控程序和运行程序两部分。监控程序包括人机接口键盘命令的处理程序及为插件调试、整定、设置、限时等配置的程序；运行程序是指保护装置在运行状态下所需要执行的程序。

微机保护的算法是指从采样值中得到反映系统状态的特征量的方法，算法的输出是继电保护动作的依据。现有的微机保护算法种类很多，按其反映的输入量情况或反映继电器动作情况分类，基本上可分为按正弦函数输入量的算法、微分方程算法、按实际波形的复杂数学模型算法，继电保护动作方程直接算法等几类。

复习思考题

1-1　电流互感器的作用是什么？什么是电流互感器 10% 误差曲线，其作用是什么？

1-2　简述电磁式电流互感器的工作原理、动作电流、返回电流及返回系数的含义。

1-3　简述时间继电器、中间继电器和信号继电器的作用。

1-4　简述微机保护的硬件系统的组成部分。

1-5　简述微机保护的软件系统的构成及作用。

项目 2　输电线路相间短路故障的
阶段式保护配置与调试

学习目标

电网正常运行时，输电线路上流过正常的负荷电流，母线电压为额定电压，当输电线路发生短路时，故障相电流增大，根据这一特点，可以构成反映故障时电流增大而动作的电流保护。

（1）能分析三段式电流保护的工作原理、各段保护的范围及整定计算和三段式电流保护的评价。

（2）能对三段式电流保护正确接线。

（3）能分析两侧电源或单电源环网输电线路电流保护的方向问题。

（4）能掌握 90°接线。

（5）能分析零序电流滤过器、零序电压滤过器和阶段式零序电流保护的工作原理。

（6）能掌握零序功率方向元件的构成原理、工作特性和接线方式。

（7）能分析距离保护的工作原理。

（8）能理解测量阻抗、整定阻抗、动作区、动作阻抗、最灵敏角、偏移度死区等概念。

（9）能掌握阻抗继电器的 0°接线方式。

（10）能看懂距离保护的接线图。

（11）能明白阶段式距离保护的整定计算。

学习"输电线路相间短路故障的阶段式保护"的意义

通过学习本项目的相关内容，学生可建立完整的继电保护概念，能够阅读和绘制继电保护接线图；掌握阶段式电流保护在保护范围、动作值、动作时限方面的配合；能够正确使用接线方式，掌握利用电流（功率）方向解决选择性问题的方法；掌握距离保护的原理和距离保护在实际应用中的问题及克服方法，明白阻抗继电器的工作特性的重要性；对电网相间短路故障的继电保护知识有全面的了解和掌握。

任务 2.1　单侧电源输电线路相间短路的电流保护

输电线路发生短路故障时，电流增大、电压降低，因此，利用电流增大使保护装置动作而构成的保护装置称为电流保护；利用电压降低构成的保护称为电压保护。输电线路上的故障分为相间短路故障和接地故障两大类，对于 35kV 及以下的输电线路的相间短路故障通常采用电流三段式保护方式。

2.1.1　瞬时（无时限）电流速断保护

瞬时电流速断保护又称为电流Ⅰ段保护，反映电流增大而瞬时动作切除故障的电流保护，也称为无时限电流速断保护。

2.1.1.1　几个基本概念

（1）系统最大运行方式与系统最小运行方式。所谓系统的最大运行方式就是在被保护线路末端发生短路故障时，系统等值阻抗最小，而通过保护装置的短路电流为最大的运行方式；系统最小运行方式就是在被保护线路末端发生短路故障时，系统等值阻抗最大，而通过保护装置的短路电流为最小的运行方式。系统等值阻抗的大小与投入运行的电气设备及线路的多少等因素有关。

（2）最大短路电流与最小短路电流。在相同条件下，两相短路电流 $I_{\mathrm{d}}^{(2)}$ 是三相短路电流 $I_{\mathrm{d}}^{(3)}$ 的 $\sqrt{3}/2$。对于某一保护而言，在最大运行方式下的三相短路电流是通过保护装置的最大短路电流，而在最小运行方式下的两相短路电流是最小短路电流。

（3）保护装置的起动值。对应于电流升高而动作的保护而言，使保护装置起动的最小电流值称为保护装置的起动电流，记为 I_{OP}。保护装置的起动值是用电力系统一次侧的参数表示，当一次侧的动作电流 I_{d} 达到这个数值时，安装在该处的这套保护装置就能起动。

（4）保护装置的整定。所谓保护装置的整定就是根据对继电保护装置的基本要求，确定保护装置起动值、灵敏系数及动作时限等过程。

扫一扫查看视频

2.1.1.2　工作原理

根据继电保护速动性的要求，保护装置动作切除故障的时间，必须满足系统稳定性和保证重要用户供电的可靠性。在满足可靠性和选择性的前提下，原则上保护动作越快越好。瞬时电流速断保护可以快速切除故障线路，具体工作原理如图2-1所示。

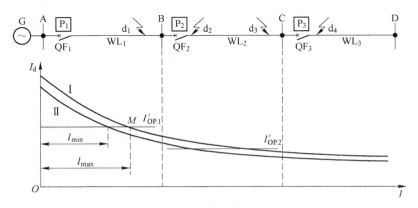

图2-1　瞬时电流速断保护动作特性

对于单侧电源供电线路上，在每回线路的电源侧均装有电流速断保护装置。在输电线路上发生短路时，流过保护安装地点的短路电流的计算公式：

$$I_{\mathrm{d.\,max}}^{(3)} = \frac{E_x}{X_{\mathrm{s.\,min}} + X_l l} \tag{2-1}$$

$$I_{\mathrm{d.\,min}}^{(2)} = \frac{\sqrt{3}}{2} \frac{E_x}{X_{\mathrm{s.\,max}} + X_l l} \tag{2-2}$$

式中　$I_{\mathrm{d.\,max}}^{(3)}$——最大三相短路电流；

$\quad\quad I_{\mathrm{d.\,min}}^{(3)}$——最小两相短路电流；

$\quad\quad E_x$——电源等值计算相电势；

$\quad\quad X_{\mathrm{s.\,min}}$——从保护安装地点到电源最小等值阻抗；

$\quad\quad X_{\mathrm{s.\,max}}$——从保护安装地点到电源最大等值阻抗；

$\quad\quad X_l$——输电线路单位长度的正序电抗；

$\quad\quad l$——短路点至保护安装地点的距离。

由式（2-1）和式（2-2）可以看出，流经保护安装地点的短路电流值随着短路点的位置变化，且与系统的运行方式和短路类型有关。$I_{\mathrm{d.\,max}}$ 和 $I_{\mathrm{d.\,min}}$ 与 l 的关系如图 2-1 中的曲线 Ⅰ 和 Ⅱ 所示。从图中可以看出，短路点距离保护安装地点越远，流经保护安装地点的短路电流越小。

2.1.1.3 整定计算

A 动作电流

为了保证选择性，保护装置的起动电流应该按躲开下一条线路出口处（如 d_2 点，即 B 变电站）短路时，通过保护的最大短路电流（最大运行方式下的三相短路电流）来整定。

$$I_{\mathrm{OP}}^{\mathrm{I}} > I_{\mathrm{d.\,d2.\,max}} = K_{\mathrm{rel}}^{\mathrm{I}} I_{\mathrm{d.\,Bmax}} \tag{2-3}$$

从而保证了在 d_2 点发生各种短路故障时，保护 P_1 都不动作。

引入可靠系数 $K_{\mathrm{rel}}^{\mathrm{I}}$（$K_{\mathrm{rel}}^{\mathrm{I}} = 1.2 \sim 1.3$）的目的是：

（1）考虑存在的各种误差；

（2）实际短路电流要大于理论计算值；

（3）考虑必要的裕度。

所以对于保护 P_1 来讲，起动电流 $I_{\mathrm{OP\_1}}^{\mathrm{I}} = K_{\mathrm{rel}}^{\mathrm{I}} I_{\mathrm{d.\,Bmax}}$。同理，对于保护 P_2：

$$I_{\mathrm{OP\_2}}^{\mathrm{I}} = K_{\mathrm{rel}}^{\mathrm{I}} I_{\mathrm{d.\,Cmax}} \tag{2-4}$$

把起动电流标注在图 2-1 中，可见，在交点 M 至保护 P_1 安装处的一段线路上短路时，保护 P_1 能够动作，在交点 M 以后的线路上短路时，保护 P_1 不动作。因此，一般情况下，瞬时电流速断保护只能保护本段线路的一部分，而不能保护线路的全长，其最大和最小保护范围为 l_{max}、l_{min}。

B 保护范围

对于瞬时电流速断保护的保护范围，有关规程规定，在最小运行方式下，电流 Ⅰ 段保护的保护范围相对值 $l_{\mathrm{b}}\% > (15\% \sim 20\%)$ 时，为符合要求。

$$l_{\mathrm{b}}\% = l_{\mathrm{min}}/l_{\mathrm{AB}} \times 100\% \geqslant (15\% \sim 20\%) \tag{2-5}$$

式中　　l_{AB} ——被保护线路的总长度。

当系统为最大运行方式三相短路时保护范围最大,当系统为最小运行方式两相短路时保护范围最小,求保护范围是考虑最小保护范围。由图 2-1 可知:

$$I_{OP}^{I} = \sqrt{3} E_x / 2(X_{s.\,min} + X_d) \tag{2-6}$$

其中,$X_d = X_{l.\,min}$ 代入式(2-4)整理:

$$L_{min} = \frac{1}{X_1} \cdot \left(\frac{\sqrt{3}}{2} \frac{E_x}{I_{OP}} - X_{s.\,min} \right) = \frac{1}{X_1} \left(\frac{U_N}{2 I_{OP}^{I}} - X_{s.\,max} \right) \tag{2-7}$$

式中　　U_N ——输电线路的额定线电压,V。

C　动作时限

瞬时电流速断保护没有人为的延时,只考虑继电保护装置固有的动作时间。考虑到线路中管型避雷器放电时间为 0.04~0.06s,在避雷器放电时瞬时速断保护不应该动作,因此在瞬时电流速断保护装置中加装一个保护出口中间继电器,一方面扩大接点的容量和数量,另一方面躲过管型避雷器的放电时间,防止误动作,由于动作时间较小,故可认为 $t = 0s$。

2.1.1.4　瞬时电流速断保护的接线图

A　单相原理接线图

瞬时电流速断保护的单相原理接线图如图 2-2 所示。电流互感器一次侧接入主回路中,二次侧接入电流继电器,电流继电器动作后,起动中间继电器,其触点闭合后,经信号继电器发出信号同时接通断路器跳闸线圈跳闸。

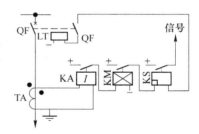

图 2-2　单相原理接线图

B　展开图

交流回路和直流回路如图 2-3(a)、(b)所示。展开图结构简单,便于理解,为复杂回路的设计、安装和调试带来许多方便。

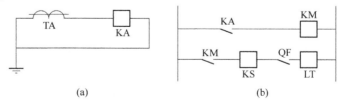

(a)　　　　　　　　　　　　(b)

图 2-3　瞬时电流速断保护装置接线展开图

(a)交流回路;(b)直流回路

2.1.1.5　瞬时电流速断保护的评价

瞬时电流速断保护的优点是简单可靠、动作迅速,因而获得广泛的应用。

缺点:

(1)不能保护线路的全长;

（2）保护范围受电力系统运行方式的影响很大，当系统运行方式变化大时，或者被保护线路的长度很短时，瞬时电流速断保护的保护范围可能很短。

2.1.2　限时电流速断保护

为了满足保护装置选择性要求，瞬时电流速断保护不能保护线路的全长，因此，需考虑增设一套保护装置可以保护线路的全长，实现带动作时限切除本段线路瞬时电流保护范围以外的故障，同时也能作为瞬时电流速断保护的后备保护，称为限时电流速断保护，即电流Ⅱ段保护。

2.1.2.1　工作原理

为了保护本段线路的全长，限时电流速断保护的保护范围必须延伸到下一条线路中，这样当下一条线路出口处短路时，它就能切除，如图 2-4 所示。

扫一扫查看视频

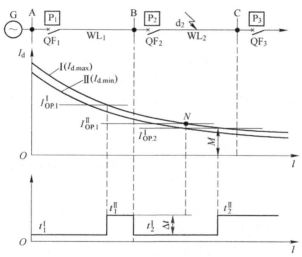

图 2-4　限时电流速断保护

为了保证选择性，就必须使限时电流速断保护的动作带有一定的延时，如图 2-4 所示，当 d_2 点处于保护 P_2 的瞬时电流速断保护和保护 P_1 的限时电流速断保护范围以内，当 d_2 点短路时，为了先让保护 P_2 动作，就必须让保护 P_1 的限时电流速断保护延时动作，防止保护 P_1 越级跳跃。

为了保证速动性，实现应尽量缩短。时限的大小与延伸的范围有关，为了使时限最小，使限时电流速断的保护范围不超出下一条线路瞬时电流速断保护的范围。因而动作时限 t^{II} 比下一条线路的速断保护时限 t^{I} 高出一个时间阶梯 Δt，即限时电流速断保护在时间上躲过瞬时电流速断保护的动作。

2.1.2.2　整定计算

A　动作电流

动作电流 $I_{\mathrm{OP}}^{\mathrm{II}}$ 按躲开下一条线路瞬时电流速断保护的动作电流进行整定：

$$I_{OP.1}^{II} = K_{rel}^{II} I_{OP.2}^{I} \tag{2-8}$$

式中　$I_{OP.1}^{II}$——本段线路限时电流速断保护的动作电流；

　　　K_{rel}^{II}——可靠系数，一般取 1.1~1.2；

　　　$I_{OP.2}^{I}$——下一条相邻线路瞬时电流速断保护的动作电流。

B　动作时限

为了保证选择性，限时电流速断保护比下一条线路瞬时电流速断保护的动作时限高出一个时间阶梯 Δt：

$$t_1^{II} = t_2^{I} + \Delta t \tag{2-9}$$

式中　t_1^{II}——本段线路限时电流速断保护的动作时限；

　　　t_2^{I}——下一条线路瞬时电流速断保护的动作时限；

　　　Δt——时限阶梯。

Δt 的大小要保证在保护重叠的区域发生故障时保护动作的选择性，若 Δt 过大则速动性差，Δt 过小则不能保证选择性。在工程上各种考虑，Δt 的数值取 0.35~0.6s，通常取为 0.5s。

当线路上装设了电流速断保护和限时电流速断保护以后，它们相互配合工作就可以在0.5s 内切除全线范围内的故障，并能满足速动性的要求，具有这种作用的保护称为该线路的主保护，即瞬时电流速断保护和限时电流速断保护构成线路的主保护。

C　灵敏度校验

保护装置的灵敏度是指在保护范围内发生故障和不正常运行状态时，保护装置的反应能力。灵敏度的高低用灵敏系数来衡量。限时电流速断保护的灵敏系数：

$$K_{sen} = I_{d.min}^{(2)} / I_{OP.1}^{II} \geqslant 1.5 \tag{2-10}$$

式中　$I_{d.min}^{(2)}$——被保护线路末端两相短路时流过限时电流速断保护的最小短路电流；

　　　$I_{OP.1}^{II}$——限时电流速断保护的动作电流。

如果 $K_{sen} < 1.5$ 时，保护在故障时可能不动，就是不能保护线路全长，应采取以下措施：

（1）为了满足灵敏性，就要降低该保护的起动电流，进一步延伸限时电流速断保护的保护范围，使之与下一条线路限时电流速断保护相配合：

$$I_{OP.1}^{II} = K_{rel}^{II} I_{OP.2}^{I} \tag{2-11}$$

（2）为了满足保护的选择性，动作时限应比下一条线路的限时电流速断保护的动作时限高一个 Δt：

$$t_1^{II} = t_2^{I} + \Delta t \tag{2-12}$$

2.1.2.3　限时电流速断保护原理接线图

限时电流速断保护的原理接线图如图 2-5 所示，电流继电器接在电流互感器二次侧线圈上，当电流继电器动作后起动时间继电器，经过整定延时后动作，起动信号继电器发出信号，并接通断路器跳闸线圈。限时电流速断保护的展开图如图 2-6 所示。

扫一扫查看视频

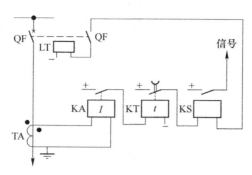

图 2-5　限时电流速断保护单相原理接线图

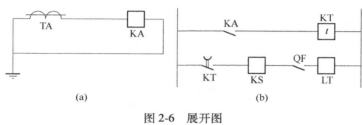

(a)　　　　　　　　　　　　　　(b)

图 2-6　展开图

（a）交流回路；（b）直流回路

2.1.2.4　限时电流速断保护的评价

限时电流速断保护结构简单，动作可靠，能保护本段线路全长，但不能作为相邻元件（下一条线路）的后备保护（有时只能对相邻线路的一部分起后备保护作用）。因此，必须寻求新的保护形式。

2.1.3　定时限过电流保护

为了防止本段线路的主保护拒动（或断路器拒动）及下一条线路的保护或断路器拒动，必须给线路装设后备保护，为本段线路的近后备保护和下一条线路的远后备保护。定时过电流保护反应电流增大而动作，

它能保护本段线路的全长和下一条线路的全长，其保护范围应包括下一条线路或设备的末端，又称为电流Ⅲ段保护。

2.1.3.1　工作原理

定时限过电流保护的工作原理如图 2-7 所示，过电流保护在最大负荷时，保护不应该动作，在 d 点发生故障时，QF_1、QF_2 的电流的电流Ⅲ段保护都应该动作，在满足选择性的前提下，QF_2 应以较短的时限切除故障。故障切除后，变电站 B 母线电压恢复，变电站 B 母线负荷中电动机自起动，流过 QF_1 的电流为自起动电流，要求 QF_1 的过电流保护能返回。

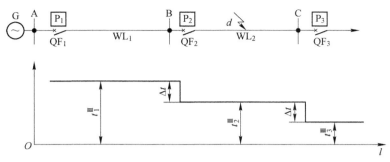

图 2-7　定时限过电流保护原理分析图

2.1.3.2　整定计算

A　动作电流

定时限过电流保护的动作电流按躲开被保护线路的最大负荷电流 $I_{L.\,max}$ ，且在自起动电流下继电器能可靠返回进行整定：

$$I_{OP}^{\text{Ⅲ}} = \frac{K_{rel}^{\text{Ⅲ}} \cdot K_{ss}}{K_{re}} \cdot I_{L.\,max} \tag{2-13}$$

式中　$K_{rel}^{\text{Ⅲ}}$——可靠系数，取 $1.15 \sim 1.25$；

　　　K_{ss}——自起动系数，取 $1 \sim 3$；

　　　K_{re}——继电器的返回系数，对于电磁型继电器取 0.85；

　　$I_{L.\,max}$——被保护线路的最大负荷电流。

B　灵敏度校验

由于定时限过电流保护要求对本段线路及下一条线路或设备相间故障都有反应能力，反应能力用灵敏系数来衡量。

本段线路的近后备保护的灵敏系数规定：

$$K_{sen} = I_{d.\,min本段线路}^{(2)} / I_{OP.\,1}^{\text{Ⅲ}} \geqslant 1.5 \tag{2-14}$$

下一条线路的远后备保护的灵敏系数规定：

$$K_{sen} = I_{d.\,min下一条线路}^{(2)} / I_{OP.\,1}^{\text{Ⅲ}} \geqslant 1.2 \tag{2-15}$$

当灵敏系数不满足要求时，可以采用电压闭锁的过流保护，这时过流保护的自起动系数可以取 1。

C　整定时间

由于定时限过电流保护的保护范围很大，为了保证动作的选择性，其保护动作延时应比下一条线路的定时限过电流保护的动作时间长一个时限阶梯 Δt：

$$t_1^{\text{Ⅲ}} = t_2^{\text{Ⅲ}} + \Delta t \tag{2-16}$$

式中　$t_1^{\text{Ⅲ}}$——本段线路定时限过电流保护的动作延时；

　　　$t_2^{\text{Ⅲ}}$——下一条线路定时限过电流保护的动作延时。

2.1.3.3　接线图

定时限过电流保护的原理接线图、展开图和限时电流速断保护的相同。

2.1.3.4　对定时限过电流保护的评价

定时限过电流保护结构简单，工作可靠，对单侧电源的放射型电网能保证有选择性地动作，不仅能做本线路的近后备（有时作主保护），而且能作为下一条线路的远后备保护。定时限过电流保护匝放射型电网中获得广泛的应用，一般在 35kV 及以下网络中作为主保护。定时限过电流保护的主要缺点是：越靠近电源端，动作时限越大，对靠近电源端的故障不能快速切除。

2.1.3.5　电流三段式保护的应用及评价

瞬时电流速断保护只能保护线路的一部分，限时电流速断保护能保护线路全长，但却不能作为下一条相邻线路的后备保护，因此必须采用定时限过电流保护作为本条线路和下一条相邻线路的后备保护。由瞬时电流速断保护、限时电流速断保护和定时限过电流保护相配合构成一整套保护，称为电流三段式保护。实际上，供配电线路并不一定都要装设电流三段式保护。比如，处于电网末端附近的保护装置，当定时限过电流保护的时限不大于 $0.5 \sim 0.7s$ 时，而且没有防止导线烧损及保护配合上的要求的情况下，就可以不装设瞬时电流速断保护和限时电流速断保护，而将定时限过电流作为主保护。电源端一般装设电流三段式保护。

电流三段式保护单相原理接线图和展开图如图 2-8（a）和（b）所示。

原理图的优点是便于阅读，能表示动作原理，有整体概念，但原理图不便于现场查线及调试，接线复杂的保护原理图绘制、阅读比较困难。同时，原理图只能画出继电器各元件的连线，但元件内部接线、引出端子、回路标号等细节不能表示出来，所以还要有展开图。

展开图是以电气回路为基础，将继电器和各元件的线圈、触点按保护动作顺序，自左而右、自上向下的绘制接线图。展开图的特点是分别绘制保护的交流回路、直流回路。各继电器的线圈和触点也分开，分别画在它们各自所属的回路中，并且属于同一个继电器或元件的所有部件都标注同样的符号。阅读展开图时，先交流后直流，从上而下，从左到右，层次分明。展开图对于现场安装、调试及查线都很方便，在生产中应用广泛。

图 2-9 所示为 35kV 单侧电源放射形网络，在线路 L_1 和 L_2 上均装饰三段式电流保护。已知线路 L_1、L_2、L_3 均为 80km，线路电抗 $X_1 = 0.4\Omega/\mathrm{km}$。正常运行最大负荷电流 $I_{L.max} = 183A$，线路 L_3 保护中的过电流保护的动作时限为 1.0s。请对线路 L_1 上安装的三段式电流保护进行整定计算（即动作电流、动作时限、灵敏度校验）。

为了确定动作电流，要计算出最大运行方式下的三相短路电流，为进行灵敏度校验，要计算出最小运行方式下的两相短路电流。

（1）短路电流的计算。

k_1 点的最大短路电流：

$$I_{k.Bmax}^{(3)} = \frac{Ex}{x_{s.min} + x_1 L_{AB}} = \frac{5/\sqrt{3}}{5.5 + 0.4 \times 80} = 1.771\mathrm{kA}$$

k_1 点的最小短路电流：

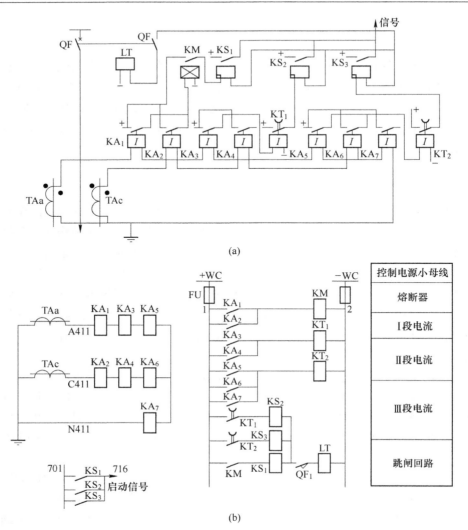

(a)

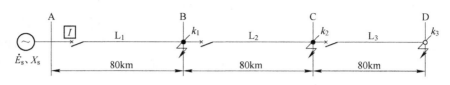

(b)

图 2-8 电流三段式保护单相接线图

（a）原理图；（b）展开图

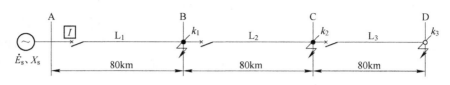

图 2-9 单侧电源放射形网络

$$I_{k.\,\mathrm{Bmax}}^{(2)} = \frac{\sqrt{3}}{2} \frac{E_x}{x_{\mathrm{sin}\alpha x} + x_1 L_{\mathrm{AB}}} = \frac{\sqrt{3}}{2} \frac{5/\sqrt{3}}{6.5 + 0.4 \times 80} = 1.494\mathrm{kA}$$

同理，可得：

k_2 点的最大短路电流：

$$I_{k.\,\mathrm{Cmax}}^{(3)} = 0.955\mathrm{kA}$$

k_2 点的最小短路电流：

$$I_{k.\,Cmin}^{(2)} = 0.816\mathrm{kA}$$

k_3 点的最大短路电流：

$$I_{k.\,Dmax}^{(3)} = 0.596\mathrm{kA}$$

k_3 点的最小短路电流：

$$I_{k.\,Dmin}^{(2)} = 0.511\mathrm{kA}$$

（2）整定计算。

1）瞬时电流速断保护。

动作电流的整定。为了保证动作的选择性，将保护范围严格地限制在本线路以内，应使保护的动作电流大于最大运行方式下的线路末端的三相短路电流：

$$I_{OP.\,A}^{I} = K_{rel}^{I} \cdot I_{k \cdot Bmax}^{(3)} = 1.2 \times 1.771 = 2.13\mathrm{kA}$$

灵敏度校验：通过计算求出电流速断保护的最小保护范围。

$$L_{mim} = 64.75 > (15\% \sim 20\%)L_{AB}$$

动作时限的整定：

$$t_{A}^{I} = 0\mathrm{s}$$

2）限时电流速断保护。

动作电流的整定。线路 L_1 的限时电流速断保护的动作电流应和线路 L_2 的瞬时电流速断保护的动作电流相配合。首先求解 L_2 的瞬时电流速断保护的动作电流，应该是按照躲过本线路 L_2 末端的最大短路电流来进行整定：

$$I_{OP.\,B}^{I} = K_{rel}^{I} \cdot I_{k.\,Cmax}^{(3)} = 1.2 \times 0.955 = 1.146\mathrm{kA}$$

则线路 L_1 的限时电流速断保护的动作电流：

$$I_{OP.\,A}^{II} = K_{rel}^{II} \cdot I_{OP.\,B}^{I} = 1.1 \times 1.146 = 1.261\mathrm{kA}$$

灵敏度校验：

$$k_{sen} = \frac{I_{k.\,Bmin}^{(2)}}{I_{OP.\,A}^{II}} = \frac{1.494}{1.261} = 1.18 < 12$$

故

$$I_{OP.\,B}^{II} = k_{rel}^{II} \cdot I_{OP.\,C}^{I} = K_{rel}^{II}K_{rel}^{I}I_{k.\,Dmax}^{(3)} = 1.1 \times 1.2 \times 0.511 = 0.67\mathrm{kA}$$

所以

$$I_{OP.\,A}^{II} = k_{rel}^{II} \cdot I_{OP.\,B}^{II} = 1.1 \times 0.67 = 0.74\mathrm{kA}$$

$$k_{sen} = \frac{I_{k.\,Bmin}^{(2)}}{I_{OP.\,A}^{II}} = \frac{1.494}{0.74} = 2.02 > 1.2$$

$$t_{A}^{II} = t_{B}^{I} + \Delta t$$

$$t_{B}^{II} = t_{C}^{I} + \Delta t = 0 + 0.5 = 0.5\mathrm{s}$$

所以

$$t_{A}^{II} = t_{B}^{II} + \Delta t = 0.5 + 0.5 = 1\mathrm{s}$$

3）定时限过电流保护。

动过电流的整定。定时限过电流保护的动作电流是按躲过最大负荷电流计算。

$$I_{OP.\,A}^{III} = \frac{K_{rel}^{III} \cdot K_{ss}}{K_{re}} \cdot I_{L.\,max} = \frac{1.2 \times 2}{0.85} \times 183 = 516.71\mathrm{A} = 0.517\mathrm{kA}$$

灵敏度校验。作为近后备保护，校验本线路 L_1 末端 k_1 点短路时，在最小短路电流下的灵敏系数：

$$k_{\text{sen近}} = \frac{I_{k.\,\text{Bmin}}^{(2)}}{I_{\text{OP.\,A}}^{\text{III}}} = \frac{1.494}{0.517} = 2.89 > 1.5$$

灵敏度满足条件。作为远后备保护，校验下一条线路 L_2 末端 k_2 点短路时，在最小短路电流下的灵敏系数：

$$k_{\text{sen远}} = \frac{I_{k.\,\text{Cmin}}^{(2)}}{I_{\text{OP.\,A}}^{\text{III}}} = \frac{0.816}{0.517} = 1.58 > 1.2$$

动作时限的整定。过电流保护的动作时限，按阶梯原则进行整定，即

$$t_{\text{A}}^{\text{III}} = t_{\text{B}}^{\text{III}} + \Delta t = t_0^{\text{III}} + \Delta t + \Delta t = 1 + 0.5 + 0.5 = 2\text{s}$$

2.1.4　电流保护的接线方式

电流保护的接线方式是指保护中电流继电器与电流互感器二次线圈之间的联系方式。

2.1.4.1　相间短路电流保护的主要接线形式

A　三相三继电器完全星形接线

三相星形接线是指三个电流互感器与三个电流继电器分别按相接在一起，接成星形，如图 2-10 所示。单个继电器触点并联连接，相当于"或"回路。三相星形接线方式的保护对各种故障，如三相短路、两相短路、单相接地短路都能动作。

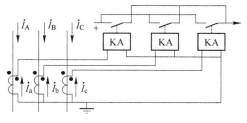

图 2-10　三相星形接线原理图

B　两相两继电器不完全星形接线

两相星形接线一般是装设在 A、C 两相上的两个互感器和两个继电器分别按相接在一起，形成两相星形，如图 2-11 所示。它与三相星形的区别是 B 相上不装设电流互感器和继电器。两相星形接线的保护能反映各种相间短路，但 B 相上发生单相短路故障时，保护装置不会动作。

C　两相电流差接线

两相电流差接线由两个电流互感器和一个电流继电器组成，如图 2-12 所示。三相短路时流过继电器电流是 $\sqrt{3}$ 倍的短路电流；AC 两相短路时流过继电器的电流是 2 倍的短路

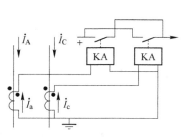

图 2-11　两相星形接线原理图

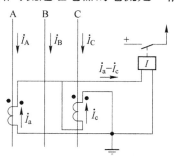

图 2-12　两相电流差接线原理图

电流；AB 或 CB 两相短路时流过继电器的电流是 1 倍的短路电流。

为了反映在不同短路类型下，流过继电器的电流和电流互感器二次侧的短路电流之间的不同关系，引入接线系数 K_{con}，计算式为：

$$K_{con} = I_{KA}/I_{TA2} \qquad (2-17)$$

式中　I_{KA}——流过继电器的电流；

　　　I_{TA2}——电流互感器的二次电流。

对于三相或两相星形接线方式，任何短路形式下，$K_{con} = 1$；对两相电流差接方式，在对称运行或三相短路式，$K_{con} = \sqrt{3}$；在 A、C 两相短路时，$K_{con} = 2$；在 A、B 或 B、C 两相短路时，$K_{con} = 1$。两相电流差接线的保护能反映各种相间短路，但灵敏度不一样。

2.1.4.2　各种接线方式在不同故障时的性能分析

A　中性点直接接地或非直接接地电网中的各种相间短路

上述三种接线方式均能反映这些故障（除两相电流差接线不能保护变压器外），不同之处在于动作的继电器数目不同，对不同类型和相别的相间短路，各种接线的保护装置灵敏度有所不同。

B　中性点非直接接地电网中的两点接地短路

在中性点非直接接地电网（小接地电流）中，线路上发生单相接地时，一般不需要断路器跳闸，而只要发出信号，由值班人员在不停电的情况下找出接地点并消除，这样就可以提高供电可靠性，因此，对于系统中的两点接地故障，希望只切除一个故障点。

C　各种接线方式的应用范围

三相三继电器完全星形接线方式能反映各种类型的故障，保护装置的灵敏度不因故障相别的不同而变化。其主要应用于以下方面。

（1）广泛应用于发电机、变压器等大型贵重电气设备的保护中。

（2）用在中性点直接接地电网中（大接地电流系统中），作为相间短路的保护，同时也可保护单相接地（对此一般都采用专门的零序电流保护）。

（3）在采用其他更简单、经济的接线方式不能满足灵敏度的要求时，可采用这种接线方式。

两相两继电器不完全星形接线方式较为经济、简单，能反映各种类型的相间短路。其主要应用于以下方面。

（1）在中性点直接接地电网和非直接接地电网中，广泛地采用它作为相间短路的保护。在 10kV 及以上，特别在 35kV 非直接接地电网中得到广泛的应用。

（2）在分布很广的中性点非直接接地电网中，两点接地短路常发生在放射形线路上，如图 2-13 所示。在这种情况下，采用两相星形接线以保证有 2/3 的机会只切除一条线路（要求保护装置均安装在相同的两相上，一般

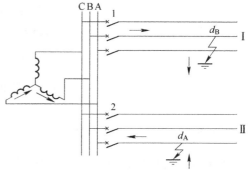

图 2-13　两回线路示意图

为 A、C 两相），其具体动作情况见表 2-1。如在 6~10kV 中性点不接地系统中对单相接地可不立即跳闸，允许运行两个小时，因此在 6~10kV 中性点不接地系统中的过流保护装置广泛应用两相星形接线方式。

表 2-1　不同线路的不同相别两点接地短路时不完全星形接线保护动作情况

线路 I 接地相别	A	A	B	B	C	C
线路 II 接地相别	B	C	C	A	A	B
I 保护动作情况	动作	动作	不动作	不动作	动作	动作
I 保护动作情况	不动作	动作	动作	动作	动作	不动作
停电线路数	1	2	1	1	2	1

两相电流差接线方式具有接线简单、投资少等优点，但是灵敏性较差，又不能保护 Y_{d11} 接线变压器后面的短路，故在实际应用中很少用来作为配电线路的保护。这种接线主要用在 6~10kV 中性点不接地系统中，作为馈线和较小电容高压电动机的保护。

2.1.5　电流、电压联锁速断保护

2.1.5.1　电压保护的特点

发生短路时，母线电压下降，低电压保护由母线电压构成判据，整定示意图如图 2-14 所示。电压保护具有的特点如下：

（1）母线电压变化规律与短路电流相反，故障点距离电源越近母线电压越低；

（2）最大运行方式下短路电流较大，母线电压水平高，电压保护的保护区缩短；

（3）仅由母线电压不能判断是母线上哪条线路故障，因此电压保护无法单独用于线路保护。

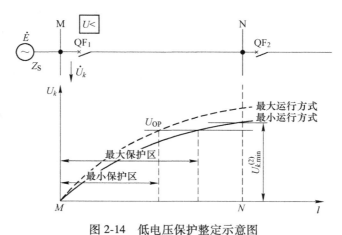

图 2-14　低电压保护整定示意图

2.1.5.2　电流、电压联锁速断保护原理

为了保证选择性，电流速断保护应按最大运行方式来整定动作电流，但在最小运行方式下保护范围要缩小；而电压速断保护应按最小运行方式来整定动作电压，但在最大运行

方式下保护范围要缩小。电压电流闭锁速断保护是兼用电流和电压元件、综合电流和电压速断保护特点的一种保护。

在有些电力系统中，由于最大和最小运行方式相差很大，不能采用电流速断保护或电压速断保护。但出现这两种运行方式的时间较少，大多数时间是在某一种运行方式（称为常见运行方式）下工作。在这种情况下，可以考虑采用电流闭锁电压速断保护或电压闭锁电流速断保护，也称为电流、电压联锁速断保护。该保护按系统最常见的运行方式整定，当系统运行方式不是最常见运行方式时，其保护区缩短，不会丧失选择性。

电流、电压联锁速断保护整定方法如图 2-15 所示，按常见运行方式下三相短路时电流、电压保护均有 80% 的保护区的原则整定。当系统运行方式改变时，如变为最大运行方式，如图 2-15 中虚线所示，电流速断保护区伸长，但电压保护区缩短，电流保护动作，但电压保护不动作。由于电流保护与电压保护构成与逻辑出口，因此电流、电压联锁速断保护不会动作。运行方式变小时，则电压速断保护区伸长，但电流保护区缩短，电压保护动作，但电流保护不动作，电流、电压联锁速断保护不会误动作，因此保护不会失去选择性。电流、电压联锁速断保护的起动元件包括电流元件和电压元件，只有在两者都动作的情况下，保护才起动。

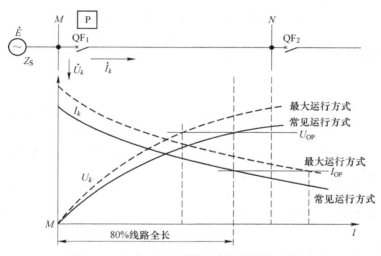

图 2-15　电流、电压联锁速断保护整定示意图

任务 2.2　双侧电源输电线路相间短路的电流保护

2.2.1　方向性电流保护的问题

对于单电源辐射形供电的网络中，每条线路上只在电源侧装设保护装置就可以，当线路发生故障时只要相应的保护装置动作于断路器跳闸，就可以将故障元件与其他元件断开，但却要造成一部分变电所停电。为了提高电力系统供电可靠性，大量采用两侧供电的辐射形电网或环形电网，如图 2-16 所示。在双电源线路上，为切除故障元件，应在线路两侧装设断路器和保护装置。线路发生故障时线路两侧的保护均应动作，跳开两侧的断路

器，这样才能切除故障线路，保证非故障设备继续运行，从而大大提高了对用户供电的可靠性。但是，如果将阶段式电流保护直接用在这种电网中，靠动作值和动作时限的配合，不能完全满足保护动作选择性的要求。

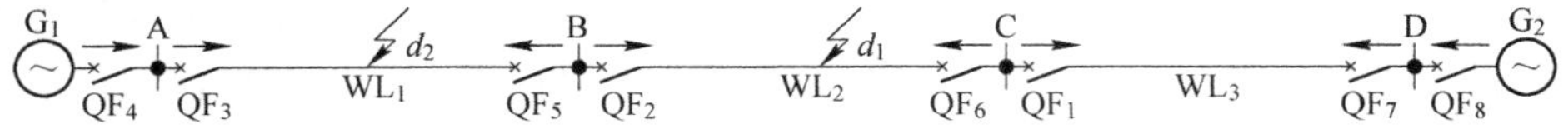

图 2-16　双侧电源供电网络示意图

2.2.1.1　问题的提出

在图 2-16 的电网中，由于线路两侧都有电源，所以在线路两侧均装有断路器和保护装置，标号分别是 $QF_1 \sim QF_8$。当 d_1 点短路时，应该由保护 2 和保护 6 动作切除故障，并由电源 G_2 供给短路电流 $I_{d_1}^{II}$ 通过保护 1。如果保护 1 采用瞬时电流速断保护，且 $I_d > I_{OP1}$，则保护 1 的瞬时电流速断保护就要误动；如果保护 1 采用定时限过电流保护，且 $t_1 \leqslant t_6$，则保护 1 的过电流保护也将动作。同理可分析保护 5 的误动情况。

上述分析可知，某一保护（如保护 1）的误动是在所保护的线路（如 CD 线路）反方向发生故障时，由另一个电源（如电源 G_2）供给的电路电流所引起的，并且这种引起无动作的电流是由线路流向母线的，与内部故障时的短路功率方向相反。

2.2.1.2　相关概念

（1）短路功率：系统短路时，某点电压与电流相乘所得到的感性功率。在不考虑串联电容和分布电容在线路上短路时，短路功率从电源流向短路点。

（2）故障方向：故障发生在保护安装处的哪一侧，通常有正向故障和反向故障之分，它实际上是根据短路功率的流向进行区分的。

（3）功率方向继电器：用于判别短路功率方向或测定电压电流间夹角的继电器，简称方向元件。由于正反向故障时短路功率方向不同，它将使保护的动作具有一定的方向性。

（4）方向性电流保护：加装了方向元件的电流保护。由于元件动作具有一定的方向性，可在反向故障时把保护闭锁。

2.2.1.3　解决办法

为了消除双侧电源网络中保护无选择性的动作，就需要在可能误动的保护上加设一个功率方向闭锁元件。该元件当短路功率由母线向线路时（即内部故障时）动作；当短路功率由线路流向母线时（即可发生误动时）不动作，从而使继电保护具有一定的方向性。

2.2.2　方向性电流保护的工作原理

双电源供电的线路上发生故障，线路两侧都会提供短路的电流，所以线路两侧都装有断路器和保护装置。下面讨论双电源供电的线路上的电流保护的相关问题。

　　在图 2-16 所示双侧电源供电的网络图中，各断路器上均装设了方向过电流保护。当 d_1 点发生短路时，流过保护 1 的电流是由线路指向母线，保护 1 不应动作；而流过保护 6 的电流是由母线指向线路，保护 6 应该动作。当 d_2 点发生短路时，流过保护 1 的电流是母线指向线路，保护 1 应动；而流过保护 6 的电流是由线路指向母线，保护 6 不应动。

　　方向性过电流保护的接线原理图如图 2-17 所示，电流方向是通过功率方向继电器测定的，如果正向短路电流流过保护装置，则功率方向继电器触点接通，如果是区内故障，则电流继电器启动，在功率方向继电器和电流继电器二者都动作的情况下保护装置发出动作信号，使断路器跳闸，如果是反向短路，则即使电流继电器因流过反向电流而动作，但功率方向继电器不动作，保护闭锁。

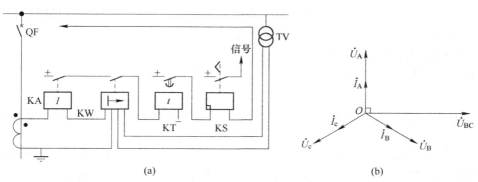

图 2-17　方向性过电流保护的原理接线图
（a）原理接线图；（b）相量图

2.2.3　功率方向继电器的工作原理

　　功率方向继电器的作用是判断功率的方向。正方向故障，功率从母线流线路时就动作；反方向功率，功率从线路流向母线时不动作。

　　在交流电路中，方向问题实际上就是相位问题。在图 2-16 的电网中规定电流由母线流向线路为正，电压以母线高于大地为正。当 d_1 点发生三相短路时，流过保护 2 的电流 I_{d_1} 为正向电流，它与母线 B 上的电压 U_B 之间的夹角为线路的阻抗角 φ_{d_1}，其值的变化范围为 $0° < \varphi_{d_1} < 90°$，且电压超前电流（应为线路主要是感性为主），则短路功率为 $P_d = U_B I_{d_1} \cos\varphi_{d1} > 0$。而当 d_2 点短路时，流过保护 2 的电流为反向电流 $-I_{d_2}$，它滞后母线电压 U_B 的角度为线路阻抗角 φ_{d_2}，I_{d_2} 滞后 U_B 的相位角为 $180° + \varphi_{d_2}$，此时短路功率为 $P_d = U_B I_{d_2} \cos(180° + \varphi_{d_1}) < 0$。功率方向继电器的工作原理实际上就是通过测量 U_B 和 I_d 之间的相位角来判断正、反方向短路的，正方向短路时功率方向继电器动作，反方向短路时功率方向继电器不动作。

2.2.4　功率方向继电器的 90° 接线方式

2.2.4.1　功率方向继电器的接线方式

　　由于功率方向继电器的主要任务是判断功率方向，因此，对其接线方式提出如下要求：

（1）正方向任何形式的故障都能动作，而反方向故障时则不动作。

（2）故障以后加入继电器的电流 I_r 和电压 U_r 应尽可能大些，并使 φ_r 接近于最大灵敏度角 φ_{sen}，以便消除和减小方向继电器的死区。为了满足以上要求，广泛采用的功率方向继电器接线方式为 90°接线方式。所谓 90°接线方式是指在三相对称的情况下，当 $\cos\varphi = 1$ 时，加入继电器的电流 I_r 与电压 U_r 的相位相差 90°。

2.2.4.2　方向过电流保护装置的接线图

功率方向继电器采用 90°接线方式时，单相式方向过电流保护的原理接线如图 2-17 所示。电流继电器是保护装置的起动元件，功率方向继电器是方向元件。各相的电流继电器和功率方向继电器的触点是串联的，以起到按下起动的作用。时间继电器是保护装置获得必要的动作时限，其触点闭合可以去跳闸和发出信号。

功率方向继电器采用 90°接线方式的保护装置，主要有两个优点：

（1）对各种两相短路都没有死区，因为继电器加入的是非故障相的线电压，其值很高；

（2）适当地选择继电器的内角 α 后，对线路上发生的各种故障都能保证动作的方向性，且有较高的灵敏性。方向继电器在一切故障下都能动作的条件是 30°<α<60°。

两相式接线使用于小接地电流系统，作为各种形式相间短路的保护，在大接地电流系统中如果装有专门的接地保护，也可以采用两相式接线作为相间短路的保护。

2.2.5　方向电流保护的整定计算与接线方式

2.2.5.1　方向性电流保护的整定计算

A　保护装置的动作电流

方向过电流保护的动作电流按以下三个条件整定。

（1）躲过最大负荷电流。为防止保护装置在正常负荷电流下和外部短路切除后因电动机的自起动而误动作，方向过电流保护的动作电流 I_{OP} 要躲过最大负荷电流 $I_{L.max}$（考虑电动机的自起动情况）：

$$I_{OP} = \frac{K_{rel} \cdot K_{ss}}{K_{re}} \cdot I_{f.max} \tag{2-18}$$

其中，各参数的意义和取值与定时限过电流保护相同。

（2）躲过非故障相电流。在中性点直接接地系统中，当相邻线路发生不对称短路时，在非故障相中仍有电流流过，这个电流为非故障相电流 I_{unf}。方向过电流保护的动作电流 I_{OP} 要躲过非故障相电流：

$$I_{OP} = K_{rel}I_{unf} \tag{2-19}$$

式中　K_{rel}——可靠系数，取 1.2~1.3。

中性点不接地系统或中性点经消弧线圈接地系统中，非故障相电流就是负荷电流，可不必考虑非故障相电流。

（3）与相邻线路保护装置灵敏度的配合。方向过电流保护常用作下一相邻线路的后备保护，所以各相邻线路的灵敏度应加以配合，以保证动作的选择性。这就使上一段保护的动作电流大于下一段线路保护的动作电流。也就是沿着统一动作方向的保护装置，其动作电流应该从距离电源最远的位置开始逐渐增大：

$$I_{OP3} > I_{OP2} > I_{OP1} \tag{2-20}$$

$$I_{OP7} > I_{OP6} > I_{OP5} \tag{2-21}$$

$$I_{OP6} = K_{CO}I_{OP5} \tag{2-22}$$

这样可以防止无选择性的越级跳闸，当 d_2 点发生短路时，由于电流按阻抗的反比分配，因此 I_{d_2} 可能很小。假如 $I_{OP5} > I_{OP6}$，而且又恰好 $I_{OP5} > I_{OP2} > I_{OP6}$，则保护 6 将动作，造成越级跳闸。

灵敏度的配合用配合系数 K_{CO} 表示，K_{CO} 一般取 1.1 ~ 1.15。

B 保护装置的灵敏度校验

方向过电流保护电流元件的灵敏度校验方法与不带方向的过电流保护相同。作为本线路的近后备保护时，其灵敏系数要求 $K_{sen} \geqslant 1.25 \sim 1.5$；作为下一相邻线路的远后备保护，其灵敏系数要求 $K_{sen} \geqslant 1.2$。

C 保护装置的动作时限

方向过电流保护动作时限的整定，是将动作方向一致的保护，按逆向阶梯原则进行。在图 2-16 中的保护 1、2、3 为同一方向动作的保护，保护 5、6、7 也为同一方向动作的保护。他们的动作时限：

$$t_1 < t_2 < t_3 \tag{2-23}$$

$$t_5 < t_6 < t_7 \tag{2-24}$$

如果保护装置在起动值、动作时限整定后，能够满足选择性要求，就可以不用方向元件。

（1）对电流速断保护来讲，如图 2-16 中的保护 6，如果反向线路 CD 出口处短路时，由电源 G_1 供给的短路电流 $I_d < I_{OP.6}$，那么在反方向任何地点短路时，保护 6 都不会误动作。即从整定值上躲开了反方向的短路，这时可以不用方向元件。

（2）对过电流保护来讲，仍以上述保护 6 为例，如果其过电流保护的动作时限 t_6 大于保护 1 过电流保护的时限 t_1：

$$t_6 \geqslant t_1 + \Delta t \tag{2-25}$$

2.2.5.2 方向过电流保护的三相原理接线图

方向过电流保护的三相原理接线图如图 2-18 所示。

2.2.5.3 方向过电流保护的评价

在多电源辐射形电网中，方向过电流保护都能保证动作的选择性。但由于保护中采用了方向元件，使接线复杂，投资增加。另外，当保护安装地点附近三相短路时，由于母线电压减小至零，保护装置拒动，出现"死区"。

方向过电力保护常在 35kV 以下的两侧辐射形电网和单电源环形电网中作为主要保护，在 35kV 及 110kV 辐射形电网，常常与瞬时电流速断保护相配合，构成三段式方向电流保护，作为线路相间短路的整套保护。

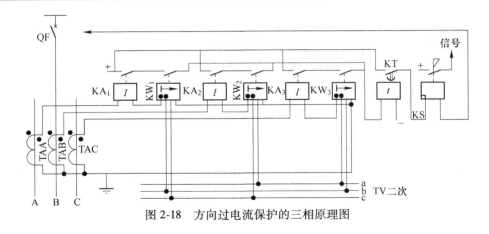

图 2-18   方向过电流保护的三相原理图

任务 2.3   输电线路的距离保护

2.3.1   距离保护的概述

随着电力系统的进一步发展，出现了容量大、电压高、距离长、负荷重和结构复杂的网络，这是简单的电流、电压保护就难以满足复杂的高压电网对保护的要求。如高压长距离、重负荷线路，由于负荷电流大，线路末端短路时，短路电流数值与负荷电流相差不大，故电流保护往往不能满足灵敏度的要求；对于电流速断保护，其保护范围受电网运行方式的变化而变化，保护范围不稳定，某些情况下甚至无保护区，所以不是所有情况下都能

扫一扫查看视频

采用电流速断保护的；对于多电源复杂网络，方向过电流保护的动作时限往往不能按选择性的要求整定，且动作时限长，难于满足电力系统对保护快速动作的要求。为了更好地满足保护装置灵敏度的要求，并使其不受或少受运行方式变化的影响，距离保护就是适应这种要求的一种保护，它具有系统运行方式的影响小、保持稳定、灵敏度高等优点，因此在较高电压等级的电网中广泛应用。

所谓距离保护就是利用短路时电压、电流同时变化的特征，测量电力线路电压和电流比值（即阻抗值）而工作的保护。距离保护是反应保护安装处至故障点的距离，并根据距离远近而确定动作时限的一种保护装置。

距离保护装置一般由以下四个部分组成。

2.3.1.1   起动部分——起动元件

当被保护线路发生故障时，瞬间启动保护装置，以判断线路是否发生了故障，并兼有后备保护的作用。通常起动元件采用过电流继电器或阻抗继电器。为了提高元件的灵敏度，也可采用反应负序电流或零序电流分量的复合滤过器来作为起动元件。

扫一扫查看视频

2.3.1.2   测量部分——方向元件、距离元件

测量元件用来测量保护安装处至故障点之间的距离，并判别短路故障的方向。通常由

距离元件和方向元件组成。距离元件是测量短路点到保护安装处的距离，用来决定保护是否动作。方向元件是保证动作的方向性，防止反向短路时，保护误动作。

通常采用带方向性的阻抗继电器来实现方向元件和距离元件总的功能。如果作为距离元件的阻抗继电器是不带方向性的，则需增加功率方向元件来判别故障的方向。

2.3.1.3　延时部分——时间元件

时间元件是通过设定必要的动作延时，满足保护间配合的需要，达到保证保护装置动作的选择性的要求。通常采用时间继电器或延时电路作为时间元件。

2.3.1.4　闭锁部分

振荡闭锁部分用来防止当电力系统发生振荡时，距离保护的误动作。在正常运行或系统发生振荡时，振荡闭锁元件将保护闭锁，而当系统发生短路时，解除闭锁开放保护，使保护装置根据故障点的远、近有选择性的动作。

电压回路断线失压闭锁部分是用来防止电压互感器二次回路断线失压时，引起阻抗继电器的误动作。

2.3.2　阻抗元件的动作特性

扫一扫查看视频

距离保护是反映保护安装处至故障点的距离，并根据距离的远近而确定动作时限的一种保护装置。测量保护安装处至故障点的距离，实际上是测量保护安装处至故障点之间的阻抗大小，故有时又称阻抗保护。

测量阻抗通常用 Z_m 表示，它定义为保护安装处测量电压 $\dot{U}_m$ 与测量电流 $\dot{I}_m$ 之比：

$$Z_m = \frac{\dot{U}_m}{\dot{I}_m} \tag{2-26}$$

式中　　Z_m ——复数，在复平面上既可以用极坐标形式表示，也可以用直角坐标形式表示：

$$Z_m = |Z_m| \angle \varphi_m = R_m + jX_m \tag{2-27}$$

式中　　$|Z_m|$ ——测量阻抗的阻抗值；

　　　　φ_m ——测量阻抗的阻抗角；

　　　　R_m ——测量阻抗的实部，称测量电阻；

　　　　X_m ——测量阻抗的虚部，称测量电抗。

电力系统正常运行时，$\dot{U}_m$ 近似为额定电压，$\dot{I}_m$ 为负荷电流，Z_m 为负荷阻抗。负荷阻抗的量值较大，其阻抗角为数值较小的功率因数角（一般功率因数不低于 0.9，对应的阻抗角不大于 25.8°），阻抗性质以电阻性为主。

当线路故障时，母线测量电压为 $\dot{U}_m = \dot{U}_k$，输电线路上测量电流为 $\dot{I}_m = \dot{I}_k$，这时测量抗为保护安装处到短路点的短路阻抗 Z_k：

$$Z_m = U_m/I_m = \dot{U}_k/\dot{I}_k = Z_k \tag{2-28}$$

在短路以后，母线电压下降，而流经保护安装处的电流增大，这样短路阻抗 Z_k 比正常时测量到的阻抗 Z_m 大大降低，所以距离保护反映的信息量测量阻抗 Z_m 在故障前后变化比电流变化大，因而比反映单一物理量的电流保护灵敏度高。

　　距离保护的实质是用整定阻抗 Z_{set} 与被保护线路的测量阻抗 Z_m 比较。当短路点在保护范围以内时，即 $Z_m < Z_{set}$ 时，保护动作；当 $Z_m > Z_{set}$ 时，保护不动作。因此，距离保护又称低阻抗保护。

　　距离保护是利用测量阻抗来反映保护安装处至短路点之间的距离，当两个故障点分别发生在线路的末端或下一级线路始端时，保护同样存在无法区分故障点选择性的问题，为了保证选择性，目前获得广泛应用的是阶梯形时限特性，这种时限特性与三段式电流保护的时限特性相同，一般也做成三阶梯式，即有与三个动作范围相对应的三个动作时限，如图 2-19 所示。

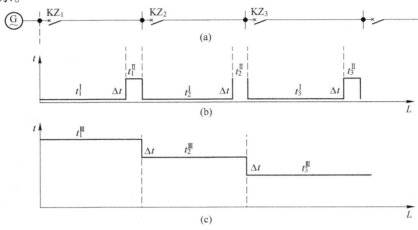

图 2-19　距离保护时限特性图

（a）网络图；（b）Ⅰ段、Ⅱ段时限特性图；（c）Ⅲ段时限特性图

　　对距离保护的评价，应根据继电保护的四个基本要求来评定。

2.3.2.1　选择性

　　根据距离保护的工作原理可知，它可以在多电源复杂网络中保证有选择性动作。

2.3.2.2　快速性

　　距离保护Ⅰ段是瞬时动作，但是只能保护线路全长 80%～85%，因此，两段加起来就有 30%～40% 的线路长度内的故障不能从两端瞬时切除，在一端须经 0.35～0.5s 的延时后，经距离Ⅱ段来切除，因此，对 220kV 及以上系统，根据系统稳定运行的需要，要求全长无时限切除线路任一点的短路，这时距离保护就不能作为主保护来应用。

2.3.2.3　灵敏性

　　距离保护不但反映故障时电流增大，同时反映故障时电压降低，因此，灵敏性比电流、电压保护高。更主要的是距离保护Ⅰ段保护范围不受系统运行方式改变的影响，而其他两段保护范围受系统运行方式改变影响也较小，因此，保护范围比较稳定。

2.3.2.4　可靠性

　　距离保护受各种因素的影响，如系统振荡、短路点的过渡电阻和电压回路断线等，因此，在保护中需采取各种防止或减少这些因素影响的措施。如需要采用复杂的阻抗继电器和较多的辅助继电器，使整套保护装置比较复杂，故可靠性相对比电流保护低。距离保护目前应用较多的是在电网相间故障的保护。对于大电流接地系统中的接地故障可由简单的阶段式零序电流保护装置切除，或者采用接地距离保护，通常在 35kV 电网中，距离保护作为复杂网络相间短路的主保护；在 110kV 及以上系统中，相间短路距离保护和接地短路距离保护主要作为全线速动主保护的相间短路和接地短路的后备保护，对于不要求全线速动的高压线路，距离保护可作为线路的主保护。

2.3.3 影响距离保护正确动作的因素与消除方法

在距离保护中，最根本的要求是阻抗继电器能正确测量短路点至保护安装处的距离。当故障发生在保护区内时，测量的阻抗应小于动作阻抗，继电器动作，当故障发生在区外时，测量阻抗大于动作阻抗，继电器应不动作，从而保证选择性。为了保证这一要求的实现，除了采用正确的接线方式外，还应充分考虑在实际运行中保护装置会受到一些不利因素的影响，使之发生误动。一般来说，影响距离保护正确动作的因素主要有：

（1）短路点的过渡电阻；

（2）在短路点与保护安装处之间有分支电路；

（3）电力系统振荡；

（4）测量互感器误差；

（5）电网频率的变化；

（6）在$Y/\triangle$-Ⅱ变压器后发生短路故障；

（7）线路串联补偿电容的影响；

（8）过渡过程及二次回路断线；

（9）平行双回路互感的影响等。

由于这些因素的影响，使阻抗继电器将发生不正确动作，为此必须对这些影响的因素加以分析研究，然后采取适当措施予以防止。对于第（4）项，阻抗继电器是通过电流互感器和电压互感器接入电气量的，测量互感器的变比误差和角误差必然给阻抗继电器的正确测量带来影响，关于这种影响通常在计算阻抗继电器的动作阻抗时，用可靠系数来考虑。对于第（5）项，在相位比较方向阻抗继电器中，用记忆极化电压作为一个比较量，由于电压记忆回路是调整在额定工频下谐振，因此对系统频率的变化最为敏感。当系统的工作频率与谐振频率发生偏移时，将使阻抗继电器特性曲线在阻抗复平面向左、右方向偏移。对于第（6）项，当保护安装处与短路点具有$Y/\triangle$接线变压器时，阻抗继电器的工作将受变压器的阻抗和一、二次电压相角差的影响。例如方向阻抗继电器对$Y/\triangle$变压器另一侧的两相短路反应能力很差，一般不能起后备作用。对于第（7）项，在线路或变电所内装设串联补偿电容后，破坏了阻抗继电器的测量阻抗与距离成比例的关系，同时它的电抗部分还会改变符号，使保护的方向性被破坏，对阻抗继电器的正确工作带来影响。对于第（8）项，在电力系统正常运行中，电压互感器的一次回路或二次回路有可能出现断线的情况，当电压回路断线后，二次侧接至保护回路的相电压或线电压都可能降低至零，由于这时电力系统处于正常运行状态，仍然有负荷电流，所以测量阻抗可能小于动作阻抗，使阻抗继电器可能误动作。对于第（9）项，当发生接地短路故障时，双回路中的接地阻抗继电器的测量阻抗，受双回路零序互阻抗的影响，产生阻抗测量上的误差。

电力系统振荡对距离保护的影响如下所述。

电力系统未受扰动处于正常运行状态时，系统中所有发电机处于同步运行状态，发电机电势间的相位差较小，并且保持恒定不变，此时系统中各处的电压、电流有效值都是常数。当电力系统受到大的扰动或小的干扰而失去运行稳定时，机组间的相对角度随时间不断增大，线路中的潮流也产生较大的波动。在继电保护范围内，把这种并列运行的电力系统或发电厂失去同步的现象称为振荡。

电力系统发生振荡的原因是多方面的，归纳起来主要有以下几点：

（1）电网的建设规划不周，联系薄弱，线路输送功率超过稳定极限；

（2）系统无功电源不足，引起系统电压降低，没有足够的稳定储备；

（3）大型发电机励磁异常；

（4）短路故障切除过慢引起稳定破坏；

（5）继电保护及自动装置的误动、拒动或性能不良；

（6）过负荷；

（7）防止稳定破坏或恢复稳定的措施不健全及运行管理不善等。

电力系统振荡有周期与非周期之分。周期振荡时，各并列运行的发电机不失去同步，系统仍保持同步，其功角在 0°～120° 内变化；非周期振荡时，各并列运行的发电机失去同步，称为发电机失去稳定，其功角在 0°～360° 甚至 720° 及无限增长的范围内变化。

电力系统振荡是电力系统的重大事故。振荡时，系统中各发电机电势间的相角差发生变化，电压、电流有效值大幅度变化，以这些量为测量对象的各种保护的测量元件就有可能因系统振荡而动作，对用户造成极大的影响，可能使系统瓦解，酿成大面积的停电。但运行经验表明，当系统的电源间失去同步后，它们往往能自行拉入同步，有时当不允许长时间异步运行时，则可在预定的解列点自动或手动解列。显然，在振荡之中不允许继电保护装置误动，应该充分发挥它的作用，消除一部分振荡事故或减少它的影响。为此，必须对系统振荡时的特点及对继电保护的影响加以分析，并进而研究防止振荡对继电保护影响的措施。

为了使问题的分析简单明了，而又不影响结论的正确性，特作如下假设。

（1）将所分析的系统按其电气连接的特点简化为一个具有双侧电源的开式网络。

（2）系统发生全相振荡时，三相仍处于完全对称情况下，不考虑振荡过程中又发生短路的情况，因此可以只取一相来进行分析。

（3）系统振荡时，两侧系统的电势和的幅值相等，相角差在 0°～360° 之间变化。

（4）系统各元件的阻抗角相等，总阻抗：

$$Z_\Sigma = Z_M + Z_N + Z_I \tag{2-29}$$

式中　　Z_M——M 侧系统的等值阻抗；

　　　　Z_N——N 侧系统的等值阻抗；

　　　　Z_I——联络线路的阻抗。

（5）振荡过程中不考虑负荷电流的影响。

2.3.4　距离保护的整定计算

保护装置类型的选择是根据可能出现故障的情况来确定的。目前运行中的距离保护一般都采用三段式，主要由启动元件、阻抗元件、振荡闭锁元件、瞬时测量元件、时间元件和逻辑元件等部分组成。为了对不同特性的阻抗保护进行整定，保证电力系统的安全运行，在整定计算时需要注意以下问题。

（1）各种保护在动作时限上按阶梯原则配合。

（2）相邻元件的保护之间、主保护与后备保护之间、后备保护与后备保护之间均应配合。

（3）相间保护与相间保护之间、接地保护与接地之间的配合，反映不同类型故障的保护之间不能配合。

（4）上一线路与下一线路所有相邻线路保护间均需相互配合。

（5）不同特性的阻抗继电器在使用中还需考虑整定配合。

（6）对于接地距离保护，只有在整定配合要求不很严格的情况下，才能按照相间距离保护的整定计算原则进行整定。

（7）了解所选保护采用的接线方式、反应的故障类型、阻抗继电器的特性及采用的段数等。

（8）给出必需的整定值项目及注意事项。

2.3.4.1   距离保护 I 段整定计算

（1）当被保护线路无中间分支线路（或分支变压器）时，定值计算按躲过本线路末端故障整定，一般可按被保护正序阻抗的 80%~85% 计算，即对方向阻抗继电器则有

$$Z_{set.\,I} = K_{rel}^{I} Z_{I}$$
$$\theta_{sen} = \theta_{I}$$

$$(2\text{-}30)$$

式中 $Z_{set.\,I}$ ——距离保护 I 段整定值；

Z_{I} ——被保护线路的正序阻抗；

K_{rel}^{I} ——可靠系数，一般取 0.8~0.85；

θ_{sen} ——继电器的最大灵敏角；

θ_{I} ——被保护线路的阻抗角。

保护的动作时间按 $t_{I} = 0s$，即保护固有动作时间整定。

（2）当线路末端仅为一台变压器（即线路变压器组）时其定值计算按不伸出线路末端变压器内部整定，即按躲过变压器其他各侧的母线故障整定：

$$Z_{set.\,I} = K_{rel}^{I} Z_{I} + K'_{rel} Z_{T}$$

$$(2\text{-}31)$$

式中 K_{rel}^{I} ——可靠系数，一般取 0.8~0.85；

Z_{I} ——线路正序阻抗；

K'_{rel} ——可靠系数，一般取 0.75；

Z_{T} ——线路末端变压器的阻抗。

保护动作时间按 $t_{I} = 0s$，即保护固有动作时间整定。

（3）当线路终端变电所为两台及以上变压器并列运行且变压器均装设差动保护时，如果本线路上装设有高频保护时，距离 I 段仍可按（1）项的方式计算。当本线路上未装设高频保护时，则可按躲过本线路末端故障或按躲开终端变电所其他母线故障整定：

$$Z_{\text{set. I}} = K_{\text{rel}}^{\text{I}} Z_{\text{I}} \tag{2-32}$$

或

$$Z_{\text{set. I}} = K_{\text{rel}}^{\text{I}} Z_{\text{I}} + K_{\text{rel}}' Z_{\text{T}}^{\text{I}}$$

式中　　$K_{\text{rel}}^{\text{I}}$——可靠系数，一般取 0.8~0.85；

　　　　Z_{I}——线路正序阻抗；

　　　　K_{rel}'——可靠系数，一般取 0.75；

　　　　Z_{T}^{I}——终端变电所变压器并联阻抗。

（4）当线路终端变电所为两台及以上变压器并联运行（变压器未装设差动保护）时，按躲过本线路末端故障，或按躲过变压器的电流速断保护范围末端故障整定：

$$Z_{\text{set. I}} = K_{\text{rel}}^{\text{I}} Z_{\text{I}} + K_{\text{rel}}' Z^{\text{II}} \tag{2-33}$$

式中　　Z^{II}——终端变电所变压器并列运行时，电流速断保护范围的最小阻抗值；其他符号同前。

（5）当被保护线路中间接有分支线路或分支变压器时，按躲开本线路末端和躲开分支线路（分支变压器）末端故障整定：

$$Z_{\text{set. I}} = K_{\text{rel}}^{\text{I}} Z_{\text{I}}$$

　　或

$$Z_{\text{set. I}} = K_{\text{rel}}^{\text{I}} Z_{\text{x1}}^{\text{I}} + K_{\text{rel}}^{\text{I}} Z_{\text{T}} \tag{2-34}$$

式中　　Z_{x1}^{I}——本线中间接分支线路（分支变压器）处至保护安装处之间的线路正序阻抗；

其他符号同前。

2.3.4.2　距离保护 II 段整定计算

A　按与相邻线路距离保护 I 段配合整定

$$Z_{\text{set. II}} = K_{\text{rel}}^{\text{II}} Z_{\text{I}} + K_{\text{rel}}^{\text{I}} K_{\text{b}} Z_{\text{set. I}} \tag{2-35}$$

式中　　Z_{I}——被保护线路正序阻抗；

　　　$Z_{\text{set. I}}$——相邻距离保护 I 段动作阻抗；

　　　　K_{b}——（助增）分支系数，选取可能的最小值；

　　　　$K_{\text{rel}}^{\text{I}}$——可靠系数，一般取 0.8~0.85；

　　　　$K_{\text{rel}}^{\text{II}}$——可靠系数，一般取 0.8。

保护动作时间：

$$t_{\text{II}} \geqslant \Delta t$$

式中　　Δt——时间级差，一般取 0.5s。

最大灵敏角：

$$\theta_{\text{sen}} = \theta_{\text{I}}$$

式中　　θ_{I}——线路正序阻抗角。

B　躲过相邻变压器其他侧母线故障整定

$$Z_{\text{set. II}} = K_{\text{rel}}^{\text{II}} Z_{\text{I}} + K_{\text{rel}}^{\text{I}} K_{\text{b}} Z_{\text{T}}^{\text{I}} \tag{2-36}$$

式中　　Z_{I}——线路正序阻抗；

$Z_{\mathrm{T}}^{\mathrm{I}}$ ——相邻变压器阻抗（若多台变压器并列运行时，按并联阻抗计算）；

K_{b} ——（助增）分支系数，选取可能的最小值；

$K_{\mathrm{rel}}^{\mathrm{II}}$ ——可靠系数，一般取 0.8~0.85；

$K_{\mathrm{rel}}^{\mathrm{I}}$ ——可靠系数，一般取 0.7~0.75。

保护动作时间及最大灵敏角的整定同上。

C 按与相邻线路距离保护 II 段配合整定

$$Z_{\mathrm{set.\,II}} = K_{\mathrm{k}} Z_{\mathrm{I}} + K_{\mathrm{rel}}^{\mathrm{I}} K_{\mathrm{b}} Z_{\mathrm{set.\,II}} \qquad (2\text{-}37)$$

式中　$Z_{\mathrm{set.\,II}}$ ——相邻距离保护 II 段整定阻抗；

Z_{I} ——被保护线路的正序阻抗；

K_{b} ——（助增）分支系数，选取可能的最小值；

K_{k} ——可靠系数，一般取 0.8~0.85；

$K_{\mathrm{rel}}^{\mathrm{I}}$ ——可靠系数，一般取 0.8。

最大灵敏角：

$$\theta_{\mathrm{sen}} = \theta_1$$

式中　θ_1 ——线路正序阻抗角。

保护动作时间：

$$t_{\mathrm{II}} \geqslant t'_{\mathrm{II}} + \Delta t$$

式中　t'_{II} ——相邻距离保护 II 段动作时间。

D 按保证被保护线路末端故障保护有足够的灵敏度整定

当按 A、B、C 各项条件所计算的动作阻抗在本线路末端故障时，保护的灵敏度很高，与此同时又出现保护的 I 段与 II 段之间的动作阻抗相差很大，使继电器的整定范围受到限制而无法满足 I 段、II 段计算定值的要求时，则可改为按保证本线路末端故障时有足够的灵敏度条件整定：

$$Z_{\mathrm{set.\,II}} = K_{\mathrm{sen}} Z_{\mathrm{I}} \qquad (2\text{-}38)$$

式中　Z_{I} ——被保护线路正序阻抗；

K_{sen} ——被保护线路末端故障保护的灵敏度。

对最小灵敏度的要求如下：

当线路长度为 50km 以下时，不小于 1.5。

当线路长度为 50~200km 时，不小于 1.4。

线路长度为 200km 以上时，不小于 1.3。

同时应满足短路时有 10Ω 弧光电阻保护能可靠动作。

E 当相邻线路末端装设有其他类型的保护时

（1）当相邻线路装设有相间电流保护时。距离保护 II 段定值：

$$Z_{\mathrm{set.\,II}} = K_{\mathrm{rel}} Z_{\mathrm{I}} + K'_{\mathrm{rel}} K_{\mathrm{b}} Z'_{\mathrm{I}} \qquad (2\text{-}39)$$

式中　Z_{I} ——被保护线路的正序阻抗；

K_{b} ——（助增）分支系数，选取可能的最小值；

K_{rel} ——可靠系数，一般取 0.8~0.85；

K'_{rel} ——可靠系数，一般取 0.75；

Z'_{I} ——相邻线路电流保护最小保护范围（以阻抗表示）。

Z'_{I} 的计算：

$$Z'_{\text{I}} = \frac{\sqrt{3}\,E_{\text{s. min}}}{2I'_{\text{set}}} - Z_{\text{s. max}} \tag{2-40}$$

式中　$E_{\text{s. min}}$ ——系统最小运行方式相电势；

$\quad\quad Z_{\text{s. max}}$ ——系统至相邻线路保护安装处之间的最大阻抗（最小运行方式下的阻抗值）。

保护动作时间：

$$t_{\text{II}} \geqslant t' + \Delta t$$

式中　t' ——相邻电流保护的动作时间；

$\quad\quad \Delta t$ ——时间级差。

（2）当相邻线路装设有电压保护时。保护整定：

$$Z_{\text{set. II}} = K_{\text{rel}} Z_{\text{I}} + K'_{\text{rel}} K_{\text{b}} Z''_{\text{I}} \tag{2-41}$$

式中　Z''_{I} ——相邻线路电压保护之最小保护范围（以阻抗表示），其计算：

$$Z''_{\text{I}} = \frac{U'_{\text{set}}}{\sqrt{3}\,E_{\text{s}} - U_{\text{set}}} \times Z_{\text{s. min}} \tag{2-42}$$

式中　U'_{set} ——电压保护的整定电压（线电压值）；

$\quad\quad E_{\text{s}}$ ——系统运行相电势；

$\quad Z_{\text{s. min}}$ ——系统至相邻线路电压保护安装处之间的最小阻抗（最大运行方式下）；

其余符号含义同（1）项。

保护动作时间：

$$t_{\text{II}} \geqslant t' + \Delta t$$

式中　t' ——相邻电流保护的动作时间。

（3）当相邻线路装设电流、电压保护时。距离保护 II 段的动作阻抗可分别按（1）和（2）项计算出电流、电压保护的电流元件和电压元件的保护范围 Z''_{I}，再按式（2-39）计算出距离保护 II 段的动作阻抗值。

保护动作时间：

$$t_{\text{II}} \geqslant t' + \Delta t$$

式中　t' ——相邻电流保护的动作时间；

$\quad\quad \Delta t$ ——时间级差。

F　距离保护 II 段灵敏度

II 段保护灵敏度的计算：

$$K_{\text{sen}} = \frac{Z_{\text{set. II}}}{Z_{\text{I}}} \tag{2-43}$$

式中　$Z_{\text{set. II}}$ ——距离保护 II 段整定阻抗值；

$\quad\quad K_{\text{sen}}$ ——被保护线路的正序阻抗。

2.3.4.3　距离保护Ⅲ段整定计算

A　按与相邻距离保护Ⅱ段配合整定

此时，保护的整定值：

$$Z_{\text{set.}\, \text{III}} = K_{\text{rel}} Z_{\text{I}} + K'_{\text{rel}} K_{\text{b}} Z_{\text{set.}\, \text{II}} \tag{2-44}$$

式中　$Z_{\text{set.}\, \text{III}}$——相邻线路距离保护Ⅱ段整定阻抗；

　　　　K_{b}——（助增）分支系数，选取可能的最小值；

　　　　K_{rel}——可靠系数，一般取 0.8～0.85；

　　　　K'_{rel}——可靠系数，一般取 0.75。

最大灵敏角：

$$\theta_{\text{sen}} = \theta_1$$

式中　θ_1——线路正序阻抗角。

距离保护Ⅲ段动作时间按以下条件分别整定：

（1）相邻距离保护Ⅱ段在重合闸之后不经振荡闭锁控制，且距离Ⅲ段保护范围不伸出相邻变压器的其他母线时：

$$t_{\text{III}} \geqslant t'_{\text{II.z}} + \Delta t \tag{2-45}$$

式中　$t'_{\text{II.z}}$——相邻距离Ⅱ在重合闸之后不经振荡闭锁控制时的Ⅱ段动作时间。

（2）当Ⅲ段保护范围伸出相邻变压器的其他母线时，其动作时间整定：

$$t_{\text{III}} \geqslant t'_{\text{T}} + \Delta t \tag{2-46}$$

式中　t'_{T}——相邻变压器的后备保护动作时间。

B　按与相邻距离Ⅲ段相配合

距离Ⅲ段按与相邻距离Ⅲ段相配合时，动作阻抗：

$$Z_{\text{set.}\, \text{III}} = K_{\text{rel}} Z_{\text{I}} + K'_{\text{rel}} K_{\text{b}} Z'_{\text{set.}\, \text{III}} \tag{2-47}$$

式中　$Z'_{\text{set.}\, \text{III}}$——相邻距离Ⅲ段的动作阻抗；

　　　　Z_{I}——线路的正序阻抗；

　　　　K_{rel}——可靠系数，一般取 0.8～0.85；

　　　　K'_{rel}——可靠系数，一般取 0.8；

　　　　K_{b}——分支系数，取可能的最小值。

最大灵敏角：

$$\theta_{\text{sen}} = \theta_1$$

式中　θ_1——线路正序阻抗角。

距离Ⅲ段动作时间：

$$t_{\text{III}} \geqslant t'_{\text{III}} + \Delta t \tag{2-48}$$

式中　t'_{III}——相邻距离保护Ⅲ段动作时间。

C　按与相邻变压器的电流、电压保护配合整定

其定值：

$$Z_{\text{set.}\, \text{III}} = K_{\text{rel}} Z_{\text{I}} + K'_{\text{rel}} K_{\text{b}} Z' \tag{2-49}$$

式中　Z'——电流元件或电压元件的最小保护范围阻抗值。

该保护范围按以下各条件分别进行计算。

对相邻保护为电压元件时计算为：

$$Z' = \frac{U'_{\text{set}}}{\sqrt{3} E_\text{s} - U'_{\text{set}}} \times Z_{\text{s. min}} \tag{2-50}$$

式中　U'_{set}——相邻电压元件动作电压（线电压）；

E_s——系统运行相电势；

$Z_{\text{s. min}}$——系统至相邻电流保护安装处之间的最小综合阻抗（最大运行方式下）。

相邻保护为电流元件时计算：

$$Z' = \frac{\sqrt{3} E_\text{s}}{2 I'_{\text{set}}} - Z_{\text{s. max}} \tag{2-51}$$

式中　I'_{set}——相邻电流元件动作电流；

$Z_{\text{s. max}}$——系统至相邻电流保护安装处之间的最大等值阻抗（最小运行方式下）。

最大灵敏角：

$$\theta_{\text{sen}} = \theta_1$$

式中　θ_1——线路正序阻抗角。

保护Ⅲ段时间：

$$t_{\text{Ⅲ}} \geqslant t'_\text{T} + \Delta t \tag{2-52}$$

式中　t'_T——相邻变压器电流、电压保护动作时间。

D　按躲过线路最大负荷时的负荷阻抗配合整定

（1）当距离Ⅲ段为电流启动元件时，其整定值：

$$I_{\text{set. Ⅲ}} = \frac{K_{\text{rel}}^{\text{I}} K_{\text{ss}}}{K_{\text{re}}} I_{\text{L. max}} \tag{2-53}$$

式中　$K_{\text{rel}}^{\text{I}}$——可靠系数，取 1.2~1.25；

K_{re}——电流返回系数，取 0.85；

K_{ss}——自启动系数，根据负荷性质可取 1.5~2.5；

$I_{\text{L. max}}$——线路最大负荷电流。

（2）当距离Ⅲ段为全阻抗启动元件时，其整定值：

$$Z_{\text{set. Ⅲ}} = \frac{Z_{\text{L. max}}}{K_{\text{rel}}^{\text{I}} K_{\text{ss}} K_{\text{re}}} \tag{2-54}$$

式中　$K_{\text{rel}}^{\text{I}}$——可靠系数，取 1.2~1.25；

K_{re}——电流返回系数，取 0.85；

K_{ss}——自启动系数，根据负荷性质可取 1.5~2.5；

$Z_{\text{L. max}}$——最小负荷阻抗值。

最小负荷阻抗值计算：

$$Z_{\text{L. max}} = \frac{(0.9 \sim 0.95) U_\text{N}}{\sqrt{3} I_{\text{L. max}}} \tag{2-55}$$

式中　U_N——额定运行线电压。

（3）当为方向阻抗启动元件时，其整定值：

当方向阻抗元件为 0°接线方式时，Ⅲ段整定值：

$$Z_{\text{set.}\,\text{III}} = \frac{Z_{\text{L.\,max}}}{K_{\text{rel}}K_{\text{re}}K_{\text{ss}}\cos(\varphi_{\text{L}} - \varphi_1)} \tag{2-56}$$

当方向阻抗元件为−30°接线方式时，Ⅲ段整定值：

$$Z_{\text{set.}\,\text{III}} = \frac{Z_{\text{L.\,max}}}{K_{\text{rel}}K_{\text{re}}K_{\text{ss}}\cos(\varphi_{\text{L}} - \varphi_1 - 30°)} \tag{2-57}$$

式中　φ_1——线路正序阻抗角；

　　　φ_{L}——负荷阻抗角。

E　距离Ⅲ段的灵敏度

线路末端灵敏度计算：

$$K_{\text{sen}} = \frac{Z_{\text{set.}\,\text{III}}}{Z_{\text{I}}} \tag{2-58}$$

后备保护灵敏度计算：

$$K_{\text{sen}} = \frac{Z_{\text{set.}\,\text{III}}}{Z_{\text{I}} + K_{\text{b}}Z'_{\text{I}}} \tag{2-59}$$

式中　Z_{I}——线路正序阻抗；

　　　$Z_{\text{set.}\,\text{III}}$——距离Ⅲ段整定阻抗。

对距离Ⅲ段灵敏度的要求：对于 110kV 线路，在考虑相邻线路相继动作后，对相邻元件后备保护灵敏度要求 $K_{\text{sen}} \geq 1.2$；

对于 220kV 及以上线路，对相邻元件后备保护灵敏度要求 $K_{\text{sen}} \geq 1.3$；若后备保护灵敏度不够时，根据电力系统的运行要求，可考虑装设近后备保护；对于相邻元件为丫/△接线的变压器，当变压器低压侧发生两相短路时，按 $\dfrac{U_{\triangle}}{I_{\triangle}}$ 接线的阻抗继电器，其反映短路故障的能力很差，一般起不到足够的后备作用。

2.3.4.4　距离保护各段动作时限的选择配合原则

A　距离保护Ⅰ段的动作时限

距离保护Ⅰ段的动作时限，即保护装置本身的固有动作时间，一般不大于 0.03～0.01s，不做特殊的计算。

B　离保护Ⅱ段的动作时限

距离保护Ⅱ段的动作时限应按阶梯式特性逐段配合。当距离保护Ⅱ段与相邻线路距离保护段Ⅰ配合时，若距离Ⅰ段动作时限（本身固有动作时间）为 0.1s 以下时，Ⅱ段动作时限可按 0.5s 考虑；当相邻距离保护Ⅰ段动作时限为 0.1s 以上时，或者与相邻变压器差动保护配合时，则距离保护Ⅱ段动作时限可选为 0.5～0.6s。当距离保护Ⅱ段与相邻距离保护Ⅱ段配合时，按 $t_{\text{II}} \geq t'_{\text{II}} + \Delta t$ 计算，其中 t'_{II} 为相邻距离保护Ⅱ段的时限。当相邻母线上有失灵保护时，距离Ⅱ段的动作时限尚应与失灵保护相配合，但为了降低主保护的动作时限，此情况的配合级差允许按 $\Delta t = 0.2 \sim 0.25\text{s}$ 考虑。

C　距离保护Ⅲ段的动作时限

距离保护Ⅲ段的动作时限仍应遵循阶梯式原则，但应注意以下几点。

（1）躲过系统振荡周期。距离保护Ⅲ段动作时限不得低于常见的系统振荡周期（因距离保护Ⅲ段一般不经振荡闭锁控制）。系统常见的振荡周期为 1~1.5s，故距离保护Ⅲ段动作时限应大于或等于 2s。另外，当相邻距离保护Ⅱ段经振荡闭锁控制时，为了在重合闸后距离保护能与相邻的距离保护相配合，可将距离保护Ⅲ段经重合闸后延时加速到 1.5s，这样既可满足躲过振荡的要求，又能满足与相邻距离保护Ⅲ段相配合的效果（因相邻距离保护Ⅲ段仍为大于或等于 2s 的动作时间）。

（2）在环网中距离保护动作时限的配合。在环网中，距离保护Ⅲ段的动作时限，仍应按阶梯式特性逐级配合，但若所有Ⅲ段均按与相邻Ⅲ段配合，则势必出现相互循环配合的结果。为了解决这一问题，必须选取某一线路的距离保护Ⅲ段与相邻的距离保护Ⅱ段动作时限配合。此即环网中距离保护Ⅲ段动作时限的起始配合点，此起始点的选择原则是：应尽可能使整个环网距离保护Ⅲ段的保护灵敏度较高，动作时限较短。通常按以下几方面考虑。

1）若相邻线路比本线路长，则本线路距离保护Ⅲ段可考虑按与相邻距离保护Ⅱ段动作时间配合。

2）本线路与相邻线路之间有较大的助增系数，且受运行方式变化的影响较小时，可按本线路距离保护Ⅲ段与相邻距离保护Ⅱ段动作时限配合。

3）当相邻线路距离保护Ⅱ段动作时限较短，而相邻线路的距离保护Ⅲ段的动作时限又较长时，可考虑本线路距离保护Ⅲ段与相邻距离保护Ⅱ段动作时限相配合。

实践提高 2.4 单辐射式输电线路阶段式电流保护整定设计

2.4.1 目的

（1）掌握无时限电流速断保护、带时限电流速断保护及过电流保护的电路原理、工作特性及整定原则。

（2）理解输电线路阶段式电流保护的原理图及保护装置中各继电器的功用。

（3）掌握阶段式电流保护的电气接线和操作技术。

2.4.2 预习与思考

（1）阶段式电流保护为什么要使各段的保护范围和时限特性相配合？

（2）由指导老师提供有关技术参数，对阶段式电流保护参数进行计算与整定。

（3）为什么在实验中，采用两相一继接法阶段式保护能满足教学要求？并指出其优缺点。

（4）阶段式保护动作之前是否必须对每个继电器进行参数整定，为什么？

（5）写出控制回路前后的过程和原理。

2.4.3 实践设备

实践过程中需要用到的设备见表 2-2。

表 2-2　设备列表

序号	设备名称	使 用 仪 器 名 称
1	控制屏	
2	EPL-02A	A 站保护，B 站保护
3	EPL-04	继电器 1——DL-21C 电流继电器
4	EPL-05	继电器 2——DS-21 时间继电器
5	EPL-06	继电器 3——DZ-31B 中间继电器
6	EPL-07B	继电器 4——DX-8 信号继电器
7	EPL-11	交流电压表
8	EPL-11	交流电流表
9	EPL-12	光示牌
10	EPL-17A	三相交流电源
11	EPL-11	直流电源及母线

2.4.4　整定计算

2.4.4.1　阶段式电流保护实验参数整定计算

如图 2-20 所示，单侧电源辐射式线路，L_1 的继电保护方案拟定为阶段式电流保护，保护采用二相二继电器接线，其接线系数 $k_{con} = 1$，电流互感器采用 1∶1，在最大运行方式下及最小运行方式下 f_1、f_2、f_3、f_4 点三相短路电流值见表 2-3。

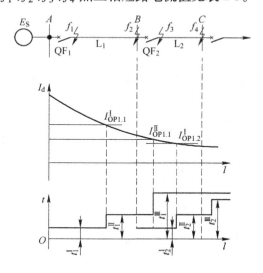

图 2-20　三段式电流保护各段保护范围及时限配合

表 2-3　三相短路电流值

短 路 点	f_1	f_2	f_3	f_4	正常最大工作电流
最大运行方式下三相短路电流/A	6.71	1.56	1.32	0.65	0.20
最小运行方式下三相短路电流/A	4.97	1.44	1.23	0.62	

2.4.4.2　阶段式保护的动作值的整定计算

A　线路 L_1 的无时限电流速断保护

电流速断保护的动作电流 $I_{OP1.1}$ 按大于本线路末端 f_2 点在最大运行方式下发生三相短路时流过的短路电流 $I_{f.Bmax}^{(3)}$ 来整定,即保护的一次动作电流:

$$I_{OP1.1}^{I} = K_{rel}I_{f.Bmax}^{(3)} = 1.3 \times 1.56 = 2.028A$$

继电保护的动作电流: $I_{dj.1}^{I} = K_{con}I_{OP1.1}^{I} = 2.028A$

选用 DL-21C/6 型电流继电器,其动作电流的整定范围为 1.5~6A,本段保护整定 2A,线圈采用串联接法。

B　线路 L_1 的带时限电流速断保护

(1) 要计算线路 L_1 的限时电流速断保护的动作电流,必须首先算出线路 L_2 无时限电流速断保护的动作电流 $I_{OP1.2}$,按大于本线路末端 f_4 点在最大运行方式下发生三相短路时流过的短路电流 $I_{f.Cmax}^{(3)}$ 来整定。

$$I_{OP1.2}^{I} = K_{rel}I_{f.Cmax}^{(3)} = 1.3 \times 0.65 = 0.845A \tag{2-60}$$

线路 L_1 的带时限电流速断保护的一次动作电流:

$$I_{OP1.1}^{II} = K_{rel}I_{OP1.2}^{I} = 1.1 \times 0.845 = 0.93A$$

继电器的动作电流:

$$I_{dj.1}^{II} = K_{con}I_{OP1.1}^{II} = 0.93A$$

选用 DL-21C/3 型电流继电器,其动作电流的整定范围为 0.5~2A,本保护整定为 0.93A,线圈采用串联接法。

动作时限应与线路 L_2 的瞬时电流速断保护配合:

$$t_1^{II} = t_2^{I} + \Delta t = 0 + 0.5 = 0.5s$$

选用 DS-21 型时间继电器,其时限调整范围为 0.25~1.25s,为了便于学生在操作中观察本保护整定为 1s。

(2) 灵敏度校验。带时限电流速断保护应保证在本线路末端短路时可靠动作,为此以 f_2 点最小短路电流来校验灵敏度,最小运行方式下的二相短路电流:

$$I_{k.Bmin}^{(2)} = \frac{\sqrt{3}}{2}I_{k.Bmin}^{(3)} = 0.866 \times 1.44 = 1.247A$$

则在线路末端短路时,灵敏系数:

$$K_{sen} = \frac{I_{k.Bmin}^{(2)}}{I_{OP1.1}^{II}} = \frac{1.247}{0.93} = 1.34 > 1.3$$

C　线路 L_1 的定时限过流保护

(1) 过电流保护的一次动作电流:

$$I_{OP1}^{III} = \frac{K_{rel}K_{ast}}{K_{re}}I_R = \frac{1.2 \times 1.5}{0.85} \times 0.2 = 0.423A$$

继电器动作电流:

$$I_{dj.1}^{III} = K_{con}I_{OP1}^{III} = 0.423A$$

选用 DL-21C/1 型电流继电器，其动作电流的整定范围为 0.15~0.6A，本保护整定为 0.43A，线圈采用并联接法。

（2）过电流保护动作时限的整定。为了保证选择性，过电流保护的动作时限按阶梯原则整定，这个原则是从用户到电源的各保护装置的动作时限逐级增加一个 Δt，所以动作时限 t_1^{III} 应与电路 L_2 过电流保护动作时限 t_2^{III} 相配合。如：L_2 过电流保护动作时间为 2s，L_1 过电流保护动作时间：

$$t_1^{\text{III}} = t_2^{\text{III}} + \Delta t = 2 + 0.5 = 2.5\text{s}$$

选用 DS-22 型时间继电器，其时限调整范围为 1.2~5s，为了便于学生在操作中观察，本保护整定为 5s。

（3）灵敏度校验。保护作为近后备时，对本线路 L_1 末端 f_2 点短路校验，灵敏系数：

$$K_{\text{sen}} = \frac{I_{k.\,\text{Bmin}}^{(2)}}{I_{\text{OP1.1}}^{\text{III}}} = \frac{1.44 \times 0.866}{0.43} = 2.9 > 1.5$$

作线路 L_2 的远后备时，校验下一线路末端 f_4 点短路，灵敏系数：

$$K_{\text{sen}} = \frac{I_{k.\,\text{Cmin}}^{(2)}}{I_{\text{OP1.1}}^{\text{III}}} = \frac{0.62 \times 0.866}{0.43} = 1.248 > 1.2$$

D　阶段式保护选用的继电器规格及整定值列表（见表 2-4）

表 2-4　阶段式保护选用的继电器规格及整定值列表

序号	用途	型号规格	整定范围	实验整定值	线圈接法
1	无时限电流速断保护	DL-21C/6	1.5~6A	2A	串联
2	带时限电流速断保护	DL-21C/3	0.5~2A	0.93A	串联
3	定时限过电流保护	DL-21C/1	0.15~0.6A	0.43A	并联
4	带时限电流速断时间	DS-21	0.25~1.25s	1s	
5	定时限过电流保护时间	DS-22	1.2~5s	5s	

2.4.5　实践内容及步骤

（1）根据预习准备，将计算获得的动作参数整定值（电源线电压为 100V），对各段保护的每个继电器进行整定。

（2）按图 2-21 接线，检查无误后，再请指导老师检查，方可进行下一步操作。

（3）把各按钮、开关的初始位置设定如下。

系统运行方式切换开关置于"最小"，A、B 站实验内容切换开关置于"正常工作"，A 相短路、B 相短路、C 相短路按钮处于弹出位置，并分别把桌面上的线路故障点设置旋钮置于顺时针到底位置，三相调压器旋钮置于逆时针到底位置。

（4）合上漏电断路器和线路电源绿色按钮开关及直流电源船形开关，按下合闸按钮。缓慢调节三相调压器旋钮，注意观察交流电压表的读数至 100V。

（5）把实验内容切换开关置于 A 站保护，模拟 AB 线路末端短路，观察各继电器动作情况，做好动作记录。

（6）逆时针调节桌面上的线路故障点设置旋钮，分别模拟 AB 线路中间和始端短路，

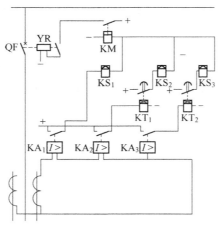

图 2-21　三段式电流保护的接线图

观察各继电器动作情况，做好动作记录。

实践结束后要认真总结，将相关参数及数据写入表 2-5 中。

表 2-5　测得相关参数数据

序号	代号	型号规格	额定工作值	实验整定值	线圈接法
1	KA_1				
2	KA_2				
3	KA_3				
4	KT_1				
5	KT_2				
6	KM				

小　　结

电力网在电力系统中担负着电能从电源向负载输送的任务，当电力系统正常运行时，流过电力网的是负荷电流。当线路发生短路故障时，电源向故障点提供很大的短路电流，母线电压会降低，为了消除短路故障给电力系统带来的危害，利用线路短路故障电流增大的特点，构成电力网相间故障的电流保护，切除故障线路，保证非故障线路的正常运行。

电流三段式保护是供配电保护课程的基础，其整定计算的原则是所有保护输电线路阶段式保护的都要遵循的。瞬时电流速断保护，为了获得速动性，还要保证保护的选择性，所以牺牲了保护的灵敏性（即不能保护线路的全长）；定时限过电流保护虽然灵敏度比较高，但其动作时限比较长，也就是说是以延缓保护切除故障作为代价（即速动性较差）。

为解决双电源电网或单侧电源环网系统的选择性和灵敏性，提出了功率方向问题。电流保护若能在正相短路时动作，反向短路时不动作，则动作就有选择性。为了消除保护装置在两相短路故障时的动作死区，采用继电器的 90°接线方式。结合三段式电流保护，整定计算时只需要正向相互配合就可以。

复习思考题

2-1 简述瞬时电流保护的工作原理及其特点。

2-2 简述电流三段式保护的工作原理。

2-3 简述距离保护的工作原理及其作用。

2-4 简述三段式距离保护的组成。

项目 3　输电线路接地故障的保护配置与调试

学习目标

　　电力系统在运行过程中会出现接地故障，可能导致断电现象，需要针对接地故障的特点选择保护方式，提高系统的运行效率。通过本项目的学习要求：

　　（1）了解电网中性点的运行方式；

　　（2）掌握中性点非直接接地系统单相接地的特点；

　　（3）掌握绝缘监视装置的原理及接线；

　　（4）掌握中性点直接接地系统接地短路的特点；

　　（5）掌握零序电流保护的整定计算。

学习"输电线路接地故障的保护"意义

　　通过学习本项目的相关内容，可以了解不同电压等级电网中性点的运行方式，以及针对运行的特点而采用的保护方式，掌握绝缘监视装置的保护方式；掌握零序电流保护的知识，从而对电网接地故障的保护有全面的了解。

任务 3.1　中性点直接接地电网中接地保护

3.1.1　电网中性点的运行方式

　　电力系统中性点是指星形联结的变压器或发电机的中点。我国电力系统目前采用的中性点运行方式主要有中性点不接地电网、中性点经消弧线圈接地（小接地电流系统）和中性点直接接地系统三种。前两种运行由于发生单相接地故障时流经接地点的接地电流小，称为小接地电流系统；后一种由于发生单相接地时流过接地点的单相短路电流很大，称为大接地电流系统。

　　我国电网 110kV 及以上系统采用中性点直接接地方式。发生一点接地时构成接地短路，故障相中流过很大电流，统计表明，在大接地电流系统中发生的故障，绝大多数是接地短路故障。因此，在这种系统中需要装设有效的接地保护，并使之动作于跳闸，将短路故障切除。从原理上讲，接地保护可以与三相星形接线的相间短路保护共用一套设备，但实际上这样构成的接地保护灵敏度低（因继电器的动作电流必须躲开最大短路电流或负荷电流），动作时间长（因保护的动作时限必须满足相间短路时的阶梯原则），所以普遍采用专门的接地保护装置。

3.1.2　电网接地故障短路的特点

　　中性点直接接地系统发生单相接地故障时，接地短路电流很大。如图 3-1（a）所示，当 d 点发生接地短路时，短路计算的零序等效网络，如图 3-1（b）所示，零序电流可以看成是故障点出现一个零序电压 $\dot{U}_{d0}$ 而产生的，它经变压器接地的中性点构成回路，对零序电流的方向，仍规定为由母线流向故障点为正，而零序电压的电位是线路高于大地为正。由上述等效网络可知，接地故障具有如下特点。

（1）故障点的零序电压最高，离故障点越远，零序电压越低，如

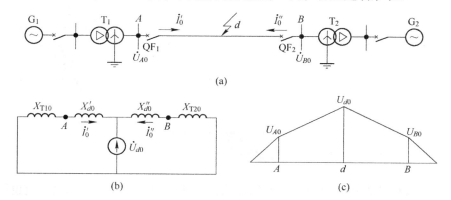

图 3-1 接地短路时的零序等效网络
（a）系统接线图；（b）零序等效网络；（c）零序电压分布

图 3-1（c）所示。

$$\dot{I}_r = \dot{I}_a + \dot{I}_b + \dot{I}_c = 3\dot{I}_0 \tag{3-1}$$

（2）零序电流的分布，决定于线路的零序阻抗和中性点接地变压器的零序阻抗及变压器接地中性点的数目和位置，而与电源的数量和位置无关。

（3）故障线路零序功率的方向与正序功率的方向相反，是由线路流向母线的。

（4）某一处（如保护 1）安装地点处的零序电压与零序电流之间（如 $\dot{U}_{A0}$ 与 $\dot{I}'_0$）的相位差取决于背后元件（如变压器 1）的阻抗角，而与被保护线路的零序阻抗及故障点的位置无关。

（5）在系统运行方式发生变化时，正、负序阻抗的变化，引起 $\dot{U}_{d1}$、$\dot{U}_{d0}$ 之间电压分配的改变，因而间接地影响零序分量的大小。

3.1.3 零序电压和零序电流的获取方式

3.1.3.1 零序电压滤过器

为了取得零序电压，通常采用图 3-2 所示的三个单相电压互感器和三相五线柱式的电压互感器，其一次绕组接成星形并将中性点接地，其二次绕组接成开口三角形。从 mn 端子上得到的输出电压：

$$U_{mn} = U_a + U_b + U_c \tag{3-2}$$

发生接地故障时，输出电压 U_{mn} 为零序电压：

$$U_{mn} = U_a + U_b + U_c = 3U_0 \tag{3-3}$$

正常运行和电网相间短路时，理想输出 $U_{mn} = 0$。实际上，由于电压互感器的误差即

三相系统对地不完全平衡，在开口三角形侧也有电压输出，此电压称为不平衡电压，用 U_{unb} 表示：

$$U_{unb} = U_{mn} \qquad\qquad (3\text{-}4)$$

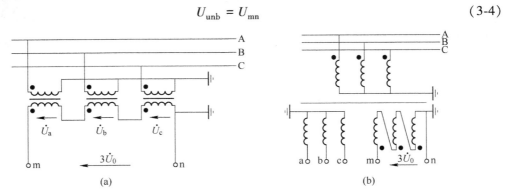

图 3-2　零序电压滤过器

（a）三个单相电压互感器接线；（b）三相五线柱式电压互感器接线

此外，当发电机的中性点经电压互感器或消弧线圈接地时，它的二次绕组也能够取得零序电压。

3.1.3.2　零序电流滤过器

为了取得零序电流，可以采用三个电流互感器，如图 3-3 所示，此时三相电流互感器二次侧流入继电器中的电流：

$$\dot{I}_r = \dot{I}_a + \dot{I}_b + \dot{I}_c \qquad\qquad (3\text{-}5)$$

这种滤过器的连线实际上就是三相星形联结方式中在中线上所流过的电流。因此实际使用中，零序电流滤过器只要接入相间短路保护用电流互感器的中线上就可以了。

扫一扫查看视频

接地故障时，流入继电器的电流为零序电流，即：

在正常运行和相间短路时，零序电流过滤器存在一个不平衡电流 I_{unb}：

$$I_r = I_{unb} \qquad\qquad (3\text{-}6)$$

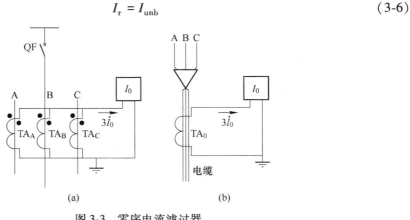

图 3-3　零序电流滤过器

（a）架空线路用；（b）电缆线路用

它是由于三个互感器铁心的饱和程度不同以及制造过程中的某些差别而引起的。当发生相间短路时，由于短路电流较大，铁心饱和的程度最严重，因此不平衡电流也达到最大值，用 $I_{unb.max}$ 表示。

此外，对于采用电缆引出的送电线路，还广泛采用零序电流互感器接线以获得 $3I_0$，如图 3-3（b）所示。它和零序电流过滤器相比，主要是没有不平衡电流，同时接线也更简单。

3.1.4　零序电流保护的整定计算

大接地即中性点直接接地系统发生接地故障时产生很大的短路电流，响应零序电流增大而构成的保护称为零序电流保护。与相间短路保护相同，零序电流保护也采用阶段式，通常为三段式或四段式。三段式零序电流保护由瞬时零序电流速断（零序Ⅰ段）、限时零序电流速断（零序Ⅱ段）、零序过电流（零序Ⅲ段）组成。这三段保护在保护范围、动作值整定、动作时间配合方面与三段式电流保护类似。

3.1.4.1　零序电流速断保护（零序Ⅰ段）

（1）躲开下一条线路出口处单相接地或两相接地短路时可能出现的最大零序电流 $3I_{0.max}$：

扫一扫查看视频

$$I_{OP}^{I} = K_{rel}^{I} \times 3I_{0.max} \tag{3-7}$$

式中　　K_{rel}^{I}——可靠系数，取 1.2～1.3；

　　　$I_{0.max}$——单相接地短路时的零序电流 $I_0^{(1)}$ 和两相接地短路时的零序电流 $I_0^{(1,1)}$ 的最大值。

（2）躲过断路器三相触头不同期合闸时出现的零序电流 $3I_{unc}$：

$$I_{OP}^{I} = K_{rel}^{I} \times 3I_{unc} \tag{3-8}$$

式中　　K_{rel}^{I}——可靠系数，取 1.1～1.2；

　　　I_{unc}——断路器不同期所引起的最大零序电流。

保护装置的整定值采用上述整定值中最大值。

（3）如果线路上采用单相自动重合闸，零序电流速断保护应躲过全相运行产生振荡时出现的最大零序电流。

3.1.4.2　限时零序电流速断保护（零序Ⅱ段）

扫一扫查看视频

A　起动电流

（1）零序Ⅱ段保护的动作电流应与下一段线路的零序Ⅰ段相配合。

$$I_{OP}^{II} = K_{rel}^{II} I_{OP}^{I} \tag{3-9}$$

式中　　K_{rel}^{II}——可靠系数，取 1.1～1.2。

　　　I_{OP}^{I}——下一段线路零序Ⅰ段保护的起动值。

（2）当该保护与下一段线路保护之间有中性点接地变压器时，该保护的起动电流 I_{OP}^{II}：

$$I_{OP}^{II} = K_{rel}^{II} I_{d0.c} \tag{3-10}$$

式中　　$K_{\text{rel}}^{\text{II}}$——可靠系数，取 1.1～1.2；

　　　　$I_{d0.\text{c}}$——在下一段线路零序 I 段保护范围末端发生接地短路时，流过本保护装置的零序电流的计算值。

B　动作时限

零序电流 II 段保护的动作时限与相邻线路零序 I 段相配合，动作时限一般取 0.5s。

C　灵敏度校验

零序 II 段的灵敏系数，应按照本线路末端接地短路时的最小零序电流 $3I_{0.\text{min}}$ 来校验，并满足 $K_{\text{sen}} \geqslant 1.5$ 的要求：

$$K_{\text{sen}} = \frac{3I_{0.\text{min}}}{I_{0.\text{OP1}}^{\text{II}}} \geqslant 1.5 \qquad (3\text{-}11)$$

式中　　$I_{0.\text{min}}$——本段线路接地短路式的最小零序电流。

3.1.4.3　定时限零序过电流保护（零序 III 段）

零序电流 III 段的作用相当于相间短路的过电流保护，一般作为后备保护，在中性点直接接地电网中的终端线路上也可做为主保护。

A　起动电流

（1）躲开在下一条线路出口处相间短路时所出现的最大不平衡电流 $I_{\text{unb.max}}$：

$$I_{0.\text{OP1}}^{\text{III}} = K_{\text{rel}}^{\text{III}} I_{\text{unb.max}} \qquad (3\text{-}12)$$

式中　　$K_{\text{rel}}^{\text{III}}$——可靠系数，取 1.1～1.2；

　　　　$I_{\text{unb.max}}$——下一条线路出口处相间短路时的最大不平衡电流。

（2）与下一线路零序 III 段相配合就是本保护零序 III 段的保护范围，不能超出相邻线路上零序 III 段的保护范围。当两个保护之间具有分支电路时（有中性点接地变压器时），起动电流整定：

$$I_{0.\text{OP1}}^{\text{III}} = K_{\text{rel}}^{\text{III}} I_{d0.\text{c}}^{\text{III}} \qquad (3\text{-}13)$$

式中　　$K_{\text{rel}}^{\text{III}}$——可靠系数，取 1.1～1.2；

　　　　$I_{d0.\text{c}}^{\text{III}}$——在相邻线路的零序 III 段保护范围末端发生接地短路时，流过本段保护范围的最大零序电流计算值。如与相邻保护间有分支电路时，则 $I_{d0.\text{c}}^{\text{III}}$ 取下一条相邻线路零序 III 段的起动值。

根据上述两种计算方法，取最大值作为保护装置的整定值。

B　灵敏度校验

作为本条线路近后备保护时，按本线路末端发生接地故障时的最小零序电流 $3I_{0.\text{min}}$ 来校验，要求 $K_{\text{sen}} \geqslant 1.5$：

$$K_{\text{sen}} = \frac{3I_{0.\text{min}}}{I_{0.\text{OP1}}^{\text{III}}} \geqslant 1.5 \qquad (3\text{-}14)$$

C　动作时限

零序 III 段电流保护的起动值一般很小，在同电压等级网络中发生接地短路时，都可能动作，为保证选择性，各保护的动作时限也按阶梯原则来选择，如图 3-4 所示，只有两个变压器间发生接地故障时，才能引起零序电流，所以只有保护 4、5、6 才能采用零序保护。在图 3-4 中同时标出了零序过电流保护和相间短路的过电流保护的动作时限，相比可知，零序过电流保护的动作时限较小，这是它的优点之一。

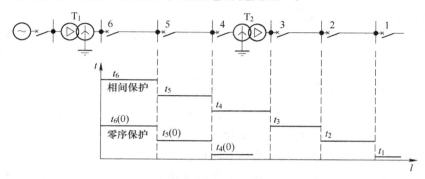

图 3-4　零序过电流保护的动作时限

任务 3.2　中性点非直接接地电网中接地保护

我国 3~35kV 电网采用中性点非直接接地系统（又称小接地电流系统），中性点非直接接地系统发生单行接地短路时，由于故障点电流小，而且三相之间的线电压仍然保持对称，对负荷的供电没有影响，因此保护不必立即动作于断路器跳闸，可以继续运行一段时间（一般是 1~2h）。

3.2.1　中性点非直接接地电网中单相接地故障的特点

单电源单线路系统，在正常运行情况下，系统的三相电压对称。为便于分析，用集中电容 $C_{0.F}$ 表示三个相各自的对地电容，并设负荷电流为零，三相分别流过很小的电容电流，由于电源及负载均是对称的，故没有零序电压和零序电流。电源中性点对地电压为零，各相对地电压等于各自相电压。

中性点不接地系统单相接地时，接地故障相对地电压为零，该相电容电流也为零，由于三相对地电压以及电容电流的对称性也遭到破坏，因而将出现零序电压和零序电流。

扫一扫查看视频

如图 3-5 所示，当线路 Ⅱ A 相上发生接地故障，从图中可以分析出以下结论：

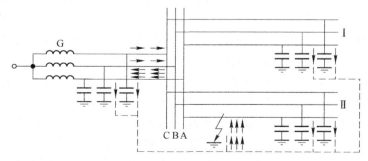

图 3-5　中性点不接地系统单相接地时电容电流分布图

（1）单相接地时，全系统都将会出现零序电压 $3U_0 = U_A + U_B + U_C$，而短路点的零序电压在数值上为相电压；

（2）在非故障元件上有零序电流，其数值等于本相原对地电容电流，电容性无功功率的实际方向是由母线指向线路；

（3）在故障元件上，零序电流为全系统非故障元件的对地电容电流之相量和，电容性无功功率的实际方向是由线路指向母线。

3.2.2　中性点经消弧线圈接地电网中单相接地故障的特点

在 3～6kV 电网中，如果单相接地时接地电容电流的总和大于 30A，10kV 电网大于 20A，22～66kV 电网大于 10A 时，那么单相接地故障就会过渡到相间短路。因此，在电源中性点需要加装一个电感线圈，当单相接地时用它产生感性电流，去补偿线路上的电容电流，这样就可以减少流经故障点的电流，避免在接地点燃起电弧，这个电感线圈就称为消弧线圈。

在图 3-6 所示的电网图中，在电源中性点接入一消弧线圈。在线路Ⅱ上，A 相接地时电流分布如图所示，这时接地故障点的电流包括两个分量，即原来的接地电容电流和在中性点对地电压的作用下，在消弧线圈中产生的电感电流，因为电感电流和电容电流的相位相反，相互抵消，起到了补偿的作用，结果使接地故障点的故障电流减小，从而使接地点的电弧消除。

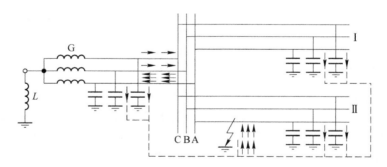

图 3-6　经消弧线圈接地电网中单相接地时的电流分布

根据对电容电流的补偿程度的不同，消弧线圈由完全补偿、欠补偿和过补偿三种补偿方式。

（1）完全补偿：完全补偿就是使 $I_L = I_{C\Sigma}$，接地点的电流近似为零，从消除故障点电弧、避免出现弧光过电压的角度来看，这种补偿方式最好，但是此时，由于电流相等，则电感和电网的容抗相等，将会产生串联谐振，使电源中性点对地电压严重升高，这是不允许的，因此，实际上不能采用这种方式。

（2）欠补偿：欠补偿就是 $I_L < I_{C\Sigma}$，补偿后的接地点仍然是电容性的，如果系统运行方式发生变化，当某个元件被切除或因故障跳闸，则电容电流减少，很可能又出现 $I_L = I_{C\Sigma}$ 的情况，和完全补偿有相同的缺点。因此，这种方式一般也是不采用的。

（3）过补偿：过补偿就是 $I_L > I_{C\Sigma}$，补偿后的残余电流是感性电流，采用这种方式不可能发生串联谐振的过电压问题，因此，在实际应用中获得了广泛的应用。

3.2.3　无选择性绝缘监视装置

在中性点经消弧线圈接地的电网中一般采用的保护装置就是无选择性绝缘监视，如图 3-7 所示。在发电厂和变电所的母线上装有一套三相五柱式电压互感器，其二次侧有两组线圈，一组接成星形，在它的引出线上接三只电压表（或一只电压表加一个三相切换开关），用于测量各相电压（注意：电压表的额定工作电压应按线电压来选择）；另一组接成开口三角形，并在开口处接一只过电压继电器，用于反映接地故障时出现的零序电压，并带延时动作与信号。

扫一扫查看视频

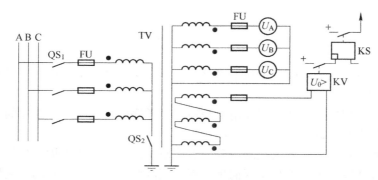

图 3-7　绝缘监测装置接线图

正常运行时，系统三相电压对称没有零序电压，所以三只电压表读数相等，过电压继电器 KV 不动。当系统任一出线发生接地故障时，接地相对地电压为零，而其他两相对地电压升高 $\sqrt{3}$ 倍，这可以从三只电压表上指示出来。同时在开口三角处出现零序电压，过电压继电器 KV 动作，给出接地信号。绝缘监视装置不能发现哪一路发生接地故障，要想知道是哪一条线路发生故障，需由运行人员顺次短时断开每条线路。当断开某条线路时，零序电压信号消失，即表明接地故障是在该条线路上。由于依次拉闸，造成短时停电，这也是一个缺点。

3.2.4　零序电流保护

利用故障线路零序电流大于非故障线路零序电流的特点，可以构成有选择性地零序电流保护，并根据需要动作于信号或跳闸。根据网络的具体结构和对电容电流的补偿情况，有时可以使用，有时难以使用。

零序电流保护是利用故障线路零序电流较非故障线路大的特点来实现有选择性地发出信号或动作于跳闸的保护装置。

零序电流保护装置的起动电流 $I_{OP.bh}$ 必须大于本线路的零序电容电流：

$$I_{OP.bh} = K_{rel}3U_f\omega C_0 \tag{3-15}$$

式中　　K_{rel} ——可靠系数，它的大小与保护动作时间有关，如瞬时动作，为防止因暂态电容电流而误动，一般取 4~5，如保护延时动作，可取 1.5~2；

U_f ——电网故障前的相电压；

C_0 ——被保护线路每相对地电容。

保护的灵敏系数按被保护线路发生单相接地短路时，流过保护的最小零序电流来校验。由于流经故障线路的零序电流为全网络中非故障线路的电容电流之和，可用 $3UP\omega(C_{0\Sigma} - C_0)$ 表示，所以灵敏系数：

$$K_{sen} = \frac{3U_f\omega(C_{0\Sigma} - C_0)}{I_{OP.bh}} = \frac{C_{0\Sigma} - C_0}{K_{rel}C_0} \tag{3-16}$$

式中　$C_{0\Sigma}$ ——电网在最小运行方式下各线路每相对地电容之和。

显然，当网络出线越多时，$C_{0\Sigma}$ 值越大，越容易满足灵敏系数的要求。对架空线路，要求 $K_{sen} \geqslant 1.5$；对于电缆线路，要求 $K_{sen} \geqslant 1.25$。

小　　结

电力系统发生接地故障时会出现零序分量，利用这一特点来分析电力网发生接地故障时采用的保护方式。

零序电流、零序电压是通过零序电流滤波器、零序电压滤波器来获取的，掌握滤波器的工作原理和特点是正确选取保护的基础。

对于中性点直接接地系统的接地故障，选取阶段式零序电流保护，分析其工作原理和工作特点。阶段式零序电流保护接线简单，保护范围受系统运行方式的影响较小，灵敏度高，零序过电流保护的动作时限比相间短路过电流保护的动作时限短。阶段式零序电流保护在中性点直接接地电网中广泛应用。

对于中性点不直接接地的电网发生单相接地故障时，接地相的电压为零，中性点电压上升为相电压，非接地相的电压上升为线电压，系统的线电压仍对称，没有短路电流，系统可在接地故障下继续运行 2h，发生接地故障时保护只需要绝缘监视装置发信号，再人工进行故障线路的查找工作。目前，有选择性地接地保护广泛采用微机保护选线装置。

复习思考题

3-1 中性点非直接接地电网发生单相接地故障时的特点是什么？

3-2 简述绝缘监视装置的工作原理。

3-3 在绝缘监视装置动作时，如何判断接地相，如何判断接地线路？

3-4 在中性点直接接地电网中发生接地故障时的特点是什么？

3-5 如何获取零序电压、零序电流？

项目 4 输电线路全线速动保护的配置、调试和自动重合闸

学习目标

本项目主要保证电力系统稳定性，确保瞬时切除被保护线路每一点的故障，从而引出输电线路的全线速动保护。通过学习本项目可以做到：

（1）掌握输电线路的纵联差动保护的工作原理；

（2）掌握平行线路的横联差动保护的工作原理；

（3）掌握电网高频保护的工作原理；

（4）了解自动重合闸的作用及要求。

学习"输电线路全线速动保护"的意义

超高压输电电网要求继电保护快速动作。近几十年，我国继电保护工作者为提高保护的动作速度做了很大努力，取得显著成效，其中对电力系统影响最大的是反映故障分量的超高速继电保护原理的应用。本项目通过对差动保护、高频保护以及与自动重合闸等保护装置的学习，可以确保保护装置的快速动作可以减轻故障元件的损坏程度，提高线路故障后自动重合闸的成功率，特别是有利于故障后电力系统的稳定性。

电流、电压保护和距离保护都是只反映被保护线路一侧的电量，为了获得选择性，其瞬时切除的故障范围只能是被保护线路的一部分，即使性能较好的距离保护，在单侧电源线路上也只能保护线路全长的 80%，在双侧电源线路上瞬时切除故障的范围大约只有线路全长的 60%。在被保护线路其余部分发生故障时，都只能由延时保护来切除。这对于很多重要的高压输电线路是不允许的，为了电力系统的安全稳定，线路上要求设置具有无延时切除线路上任意处故障的保护装置，而上述保护显然是不满足这个要求的。本项目主要介绍能瞬时切除保护线路每一点的故障保护及全线速动保护。

任务 4.1 输电线路的纵联差动保护

因为被保护线路发生短路和被保护线路外短路，线路两侧的电流大小和相位是不同的，因此可以通过比较线路两侧电流大小和相位，来区分是线路内部故障还是线路外部故障，纵联差动保护就利用辅助引线将线路两侧的电流大小和相位进行比较，决定保护是否动作的一种快速保护，其保护范围就是本线路的全长。

4.1.1 纵联差动保护的构成

输电线的纵联保护反映的是线路两侧的电气量，反映线路一侧的电气量是不可能区分本线路末端和对侧母线（或相邻线路始端）故障的，只有反映线路两侧的电气量才能区分上述两点故障，达到有选择性的快速

扫一扫查看视频

切除全线故障的目的。为此需要将线路一侧电气量的信息传输到另一侧去，即在线路两侧之间发生纵向的联系，这种保护装置就称为输电线的纵联保护。

4.1.2　纵联差动保护的工作原理

当输电线路内部发生图 4-1 所示的 k_1 点短路故障时，流经线路两侧断路器的故障电流如图中实线箭头所示，均从母线流向线路（规定电流或功率从母线流向线路为正，反之为负）。而当输电线路 MN 的外部发生短路时（见图中的 k_2 点），流经 MN 侧的电流如图中的虚线箭头所示，M 侧的电流为正，N 侧的电流为负。利用线路内部短路时两侧电流方向相同而外部短路时两侧电流方向相反的特点，保护装置就可以通过直接或间接比较线路两侧电流（或功率）方向来区分是线路内部故障还是外部故障。即纵联保护的基本原理是：当线路内部任何地点发生故障时，线路两侧电流方向（或功率）为正，两侧的保护装置就无延时地动作于跳开两侧的断路器；当线路外部发生短路时，两侧电流（或功率）方向相反，保护不动作。这种保护可以实现线路全长范围内故障的无时限切除，从理论上这种保护具有绝对的选择性。

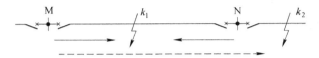

图 4-1　输电线路纵联保护的基本原理示意图

输电线路纵联保护为了交换两侧的电气量信息，需要利用通道。采用的通道不同，在装置原理、结构、性能和适用范围等方面具有很大差别。输电线路纵联保护按照所利用通道的不同可以分为以下四种类型（通常纵联保护也按此命名）：

（1）导引线纵联保护（简称导引线保护）；
（2）电力线载波纵联保护（简称高频保护）；
（3）微波纵联保护（简称微波保护）；
（4）光纤纵联保护（简称光纤保护）。

4.1.3　纵联差动保护的不平衡电流

由于被保护线路两侧电流互感器二次负载阻抗及互感器本身励磁特性不一致，在正常运行及保护范围外部发生故障时，差回路中的电流不为零，这个电流称为差动保护的不平衡电流 I_{unb}。

4.1.3.1　稳态情况下的不平衡电流

该不平衡电流为两侧电流互感器励磁电流的差。当电流互感器进行 10% 误差校验后，每个电流互感器的误差不会大于 10%，电流互感器的误差为负误差。

4.1.3.2　暂态不平衡电流

纵联差动保护是全线速动保护，需要考虑在外部短路时，暂态过程中差回路出现的不平衡电流。在短路后暂态过程中，短路电流中除周期分量电流外，还有按指数规律衰减的非周期分量。由于电流互感器原副边回路对非同期分量电流衰减时间常数不同，两侧电流互感器直流励磁程度不同，所以使暂态不平衡电流加大。

4.1.4 纵联差动保护的整定计算

纵联差动保护整定计算的基本原则是：应保证正常运行和外部短路时保护装置不动作跳闸。因此导引线纵联保护的一次动作电流按满足以下条件进行选择。

4.1.4.1 躲过外部短路时的最大不平衡电流

为躲开保护范围外部短路时的最大不平衡电流，此时差动继电器的整定电流：

$$I_{set} = K_{rel} I_{I.max} \tag{4-1}$$

式中 K_{rel}——可靠系数，取 1.3~1.5。

保护范围外部短路时的最大不平衡电流可按下式来确定：

$$I_{unb.max} = K_{np} K_{st} K_{err} I_{k.max} \tag{4-2}$$

式中 K_{np}——非周期系数，主要考虑暂态过程中的非周期分量的影响，当差动回路中采用速饱和中间变流器时，取 1；当差动回路中采用串联电阻降低不平衡电流时，取 1.5~2；

K_{err}——电流互感器允许的最大相对误差，取 0.1；

K_{st}——电流互感器的同型系数，两侧电流互感器型号相同取 0.5，不同型号取 1；

$I_{k.max}$——保护范围外部最大短路电流归算到二次侧的数值。

4.1.4.2 躲过正常运行时电流互感器二次侧继线时的电流

正常运行时电流互感器二次侧继线时，差动继电器中将流过线路负荷电流的二次值，这时保护就不动作。此时差动继电器的整定电流：

$$I_{set} = K_{rel} I_{I.max} \tag{4-3}$$

式中 K_{rel}——可靠系数，取 1.5~1.8；

$I_{I.max}$——线路正常运行时和最大负荷电流归算到二次侧的数值。应取以上两个整定值中较大的一个作为差动继电器的整定值。

保护的灵敏系数可按下式校验：

$$K_{sen} = \frac{I_{k.max}}{I_{OP}} \geqslant 2 \tag{4-4}$$

式中 $I_{k.max}$——单侧电源作用且被保护线路末端短路时，流过差动继电器的最小短路电流。

当灵敏系数不能满足要求时，则需要采用具有制动特性的纵联保护等。

任务 4.2   平行线路的横联差动方向保护

4.2.1 横联差动方向保护的工作原理

重要的负荷用户常采用双回线供电方式。这种方式在每回线的两侧都装有断路器，任一回路发生故障，只需切除故障线路，无故障线路继续运行。横向差动保护是用于平行线路的保护装置，它装设于平行线路的两侧。其保护范围为双回线的全长。横差方向保护的动作原理是反映双回线路的电流及功率方向，有选择性地瞬时切除故障线路。

扫一扫查看视频

横差方向保护的单相原理接线如图4-2所示，平行线路的两侧各装设一套横差方向保护。每项保护由两个变比相等的电流互感器、一个电流继电器及两个功率方向继电器组成。电流继电器及两个功率方向继电器的电流线圈接于两个电流互感器的差回路中。电流继电器作为起动元件，功率方向继电器作为故障线路的选择元件，电流互感器的极性标注如图4-2所示。为防止单回路运行在区外发生短路引起保护误动，将保护的直流操作电源经两断路辅助常开触点闭锁，这样只有当双回线路都投入运行时横差方向保护才允许投入，而任一断路器断开，横差保护都自动退出工作。

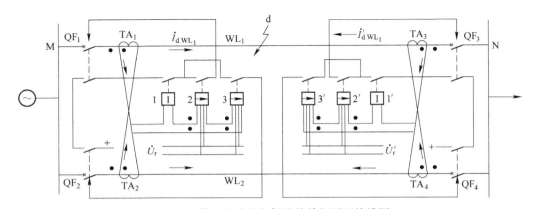

图4-2 横联差动方向保护的单相原理接线图

在正常运行或外部发生短路时，两线路中的电流相等。两电流互感器差回路中的电流仅为很小的不平衡电流，小于继电器的起动电流，电流继电器不会起动。

内部故障时，如在线路 WL_1 的 d 点发生短路，平行线路的 M 侧，电流继电器中的电流。当 $I_j > I_{OP}$ 时电流继电器1动作。功率方向继电器2承受正方向功率动作，功率方向继电器3承受负功率不动作，因而跳开 QF_1。对于线路 N 侧，流过线路1及线路2的短路电流相等，方向相反。横差回路中的电流当 $I_j > I_{OP}$ 时，电流继电器动作，功率方向继电器 2′ 承受正功率，接点闭合，跳开 QF_3 瞬时切除故障线路 WL_1 横差保护退出工作，非故障线路 WL_2 继续运行。

线路 WL_2 发生故障时，横差保护同样动作，只切除故障线路2。

4.2.2 横联差动方向保护的相继动作区和死区

4.2.2.1 相继动作区

横联差动方向保护动作分析如图4-3所示。当故障发生在 N 侧母线附近，如 d 点，两平行线路 M 端流过的短路电流近似相等，M 侧横差保护装置差回路的电流很小，电流继电器可能不动。附近故障点的横差保护，由于两线路中短路电流方向相反，电流继电器中流有很大的差电流可使保护动作，跳开故障线路近短路点的断路器，如 QF_3。断路器跳开后，短路电流重新分配，远离短路点 M 侧横差保护差回路流有短路电流，保护动作切除故障电路。线路两侧保护装置这种先后动作切除故障的方式称为相继动作。产生相继动作的范围称为相继动作区。加装横差方向保护的双电源平行线路，两侧都存在相继动作区。相继动作区内发生故障，切除故障的时间增长（约 0.2s）。

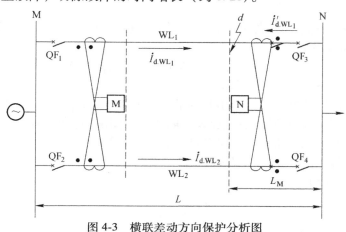

图 4-3　横联差动方向保护分析图

4.2.2.2　相继动作区长度的计算

现以图 4-3 中 M 侧保护为例，为简化计算，假设相继动作区的临界点 d 的短路电流与 N 侧母线上的短路电流相等，$\dot{I}_{dN} = \dot{I}_{d.WL_1} + \dot{I}_{d.WL_2}$，M 侧保护中起动元件的一次动作电流：

$$\dot{I}_{OP.M} = \dot{I}_{d.WL_1} - \dot{I}_{d.WL_2} \tag{4-5}$$

依据电压平衡方程式：

$$\dot{I}_{d.WL_1} Z_1 (L - L_M) = \dot{I}_{d.WL_1} Z_1 L_M + \dot{I}_{d.WL_2} Z_1 L$$

$$(\dot{I}_{d.WL_1} - \dot{I}_{d.WL_2}) L = (\dot{I}_{d.WL_1} + \dot{I}_{d.WL_2}) L_M \tag{4-6}$$

$$L_M = \frac{\dot{I}_{OP.M}}{\dot{I}_{dN}}$$

式中　Z_1——每回线单位长度上的正序阻抗；

$\dot{I}_{dN}$——母线 N 处短路电流，近似等于相继动作区临界点的电路电流。

相继动作区的长度用百分数表示：

$$L_M\% = \frac{L_M}{L} \times 100\% = \frac{\dot{I}_{OP.M}}{\dot{I}_{dN}} \times 100\% \tag{4-7}$$

同理可求出 N 侧保护的相继动作区。两侧保护相继动作区的总长度不得大于被保护线路总长的 50%。

4.2.2.3　死区

功率方向继电器采用 90°接线，但当出口发生三相短路时，母线电压为零，功率方向继电器不动作，这种不动作的范围称为死区。死区在本保护出口，在对侧保护的相继动作区内。在死区内发生三相短路，两侧横差保护都不能动作。死区的长度不允许大于被保护线路全长的10%。

4.2.3　横联差动方向保护的整定计算

4.2.3.1　电流继电器的动作电流

（1）为保护横差保护范围外故障保护不动作，横差别保护的动作电流应按躲开外部短路最大不平衡电流整定：

$$I_{OP} = K_k I_{bp.max} = K_k(I_{bp.max}^{I} + I_{bp.max}^{II}) \tag{4-8}$$

式中　　K_k——可靠系数，K_k 取 1.25；

$I_{bp.max}^{I}$——电流互感器10%误差引起的最大不平衡电流 $I'_{bp.max} = K_{TA}K_{szq}K_{tx}I_{d.max}$；

K_{szq}——非周期分量的影响系数，K_{szq} 取 2，当采用速饱和变流器时，K_{szq} 取 1；

$I_{bp.max}^{II}$——两回输电线路参数不同引起的最大不平衡电流；

$I_{d.max}$——外部故障，流过一回线的短路电流。

电流继电器的启动电流：

$$I_{OP.J} = \frac{I_{dz}}{n_{TA}} \tag{4-9}$$

（2）躲开单回线运行时的最大负荷电流：

$$I_{OP.J} = \frac{K_k}{K_b}I_{fh.max} \tag{4-10}$$

躲开最大负荷电流是防止一回线一侧断开，对侧另一回线未退出横差保护时，横差保护误动。采用返回电流大于最大负荷电流是防止单回线运行发生区外故障，横差电流继电器起动，由于横差保护的直流电源被断开回路的断路器辅助接点闭锁，不能发出跳闸脉冲。当外部故障切除后，通过横差继电器最大负荷电流，如不能保证继电器返回，另一回线路某侧断路器先投入时，横差闭锁开放，将进行的非故障线路切除。

4.2.3.2　灵敏度校验

在平行的双回线路上，两侧的断路器都处在合闸位置。当区内发生故障时，应当保证至少有一侧保护有足够的灵敏度。为此应当两侧保护灵敏度相等的那一点发生故障时，两侧都有足够的灵敏度。这样，当故障点向一侧移动时，靠近故障点的一侧保护的灵敏度系数正大，而远离故障点的一侧保护的灵敏度固然下降。在相同灵敏系数点发生故障时，要求保护的灵敏度为2：

$$K_{sen} = \frac{I_{d.M}}{I_{OP.M}} = \frac{I_{d.N}}{I_{OP.N}} \geq 2 \tag{4-11}$$

式中　　$I_{d.M}$，$I_{d.N}$——相同灵敏点短路时，流入两侧横差保护最小一次电流；

$I_{OP.M}$，$I_{OP.N}$——两侧保护一次动作电流。

当在相继动作区内短路时，一侧断路器已经断开的情况下，要求另一侧保护的灵敏度系数大于1.5。

4.2.4　横联差动方向保护的优缺点及应用范围

优点：能够迅速而有选择性地切除平行线路上的故障，实现起来简单、经济，不受系统振荡的影响。

缺点：存在相继动作区，当故障发生在相继工作区时，切除故障的时间增加一倍。由于采用了功率方向继电器，保护装置还存在死区。在单回线运行时，横差保护要退出工作，为此需加装单回线运行时线路的主保护和后备保护。

横联差动电流方向保护适用于 66kV 及以下的平行线路上。

任务 4.3 电网高频保护

为了快速切除高压远距离输电线路上的各种类型的短路，在线路纵联保护原理的基础上，以输电线载波通道作为通信通道，来比较输电线路两侧的电气量，以判断短路是在被保护输电线本身还是在相邻线路上，这种保护称为高频保护。它可以有效地克服采用导引线纵联差动的缺点。

4.3.1 高频通道的构成

输电线路作为载波通道时，必须在输电线路上装设专用的加工设备，将同时在输电线路上传送的工频和高频电流分开，并将高频收、发信机与高压设备隔离，以保证二次设备和人身的安全。高频收、发信机通过

结合电容器接入输电线路的方式主要有两种：一种连接方式是高频收、发信机通过结合电容器连接在输电线路两相导线之间，称为"相—相"制；另一种连接方式是高频收、发信机通过结合电容器连接在输电线一相导线与大地之间，称为"相—地"制。"相—相"制高频通道的衰耗小，但所需加工设备多，投资大；"相—地"制高频通道传输效率低，但所需加工设备少，投资较小。目前，国内外一般都采用"相—地"制，高频通道。

"相—地"制高频通道原理接线，如图 4-4 所示，高频加工设备由高频阻波器、耦合电容器、连接滤波器、高频电缆等组成，主要元件作用如下所述。

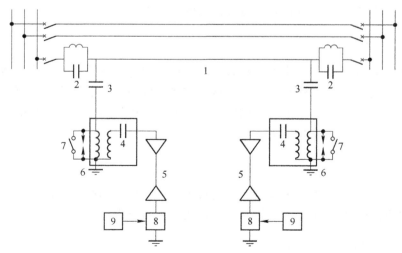

图 4-4 "相—地"制高频通道原理接线图

1—输电线路；2—高频阻波器；3—耦合电容器；4—连接滤波器；5—高频电缆；
6—保护间隙；7—接地刀闸；8，9—高频收、发信机

4.3.1.1　高频阻波器

高频阻波器是由电感和电容组成的 50Hz 并联谐振回路，串接在输电线的工作相中，它对工频的阻抗很小，一般小于 0.04Ω；而对高频载波电流具有很高阻抗，其值约大于 1000Ω，这样高频信号就被限制在被保护线路的范围以内，而不能穿越到相邻线路上去，以免产生不必要的损耗和造成对其他高频通道的干扰。

为了适应各种高频载波设备的需要，已有多种阻波器投入运行，其中包括单频阻波器、双频阻波器、带频阻波器和宽带阻波器等。在电力系统高频保护中，广泛使用专用的单频阻波器。

4.3.1.2　耦合电容器

耦合电容器与连接滤波器共同配合，将载波信号传递至输电线路，同时使高频收发信机与工频高压线路绝缘。由于耦合电容器对于工频电流呈现极大的阻抗，故由它所导致的工频泄漏电流极小。

4.3.1.3　连接滤波器

连接滤波器由一个可调节的空心变压器及连接至高频电缆一侧的电容器组成。

连接滤波器和耦合电容器构成一个带通滤波器，连接于高压输电线路与高频电缆之间。当在其带通范围内的高频信号通过时，所产生的衰耗应为最小，高频信号能高效率地通过，当工频电流通过时，则产生的衰耗应尽可能地大，从而能使工频电流截止。同时，带通滤波器能进行阻抗匹配，对"相—地"制方式，输电线路侧的波阻抗约为 400Ω，高频电缆侧的波阻抗约为 100Ω。这样，就可以避免高频信号的电磁波在传送过程中发生反射，因而减小高频信号的附加衰耗。

并联在连接滤波器两侧的接地刀闸，是当调整或检修高频收、发信机和连接滤波器时，用它来进行安全接地，以保证人身和设备的安全。

4.3.1.4　高频电缆

高频电缆是将位于主控制室的高频收、发信机与户外变电站的带通滤波器连接起来的导线，以便用最小的衰耗传送高频信号。从主控制室到户外变电站这段距离，虽然高频电缆只有几百米，但因其所传送的信号频率很高，如果采用普通电缆，衰减很大，因此多采用单芯式同轴电缆。其波阻抗约为 100Ω。

4.3.1.5　保护间隙

保护间隙是高频通道的辅助设备，作为过电压保护用，当线路上遭受雷击产生过电压时，通过放电间隙击穿接地，以保护收、发信机不致被击毁。

4.3.1.6　高频收、发信机

发信机部分由继电保护来控制，通常是在电力系统发生故障时，保护部分启动之后它才发出信号，但也有采用长期发信方式的。由发信机发出的高频信号，通过高频通道输送到对端收信机接收，也可以被自己一端收信机接收。高频收信机接收到本端和对端所发送的高频信号后，经过比较和判断后，决定继电保护动作跳闸或闭锁。

高频收、发信机有电子管型、晶体管型和集成电路型等。

4.3.2 高频信号的工作方式

按照正常运行时有无高频信号，高频通道的工作方式可分为经常无高频电流（故障时发信方式）和经常有高频电流（长期发信方式）两种方式。

所谓经常无高频电流（故障时发信方式）是指在正常运行时通道中无高频信号，只在线路故障时才启动发信机。其优点是发信机寿命长，对通道中其他信号的干扰小，缺点是要定期启动发信机来检查通道的完好性。而经常有高频电流（长期发信方式）是在正常运行时通道中就有高频信号，无须发信机的启动部分，使得装置简化、保护灵敏度和动作速度提高，此方式应设法解决对通道中其他信号的干扰问题。

在以上的两种工作方式中，以其传送的信号性质为准，又可以分为传送闭锁信号、允许信号和跳闸信号三种类型。

需要注意的是，应该将"高频信号"与"高频电流"两个概念区分开来。所谓高频信号是指线路一端的高频保护在故障时向线路另一端的高频保护所发出的信息。因此，在经常无高频电流（故障时发信方式）的通道中，故障时发出高频电流的出现就是一种信号，但在经常有高频电流（长期发信方式）的通道中，当故障时将高频电流停止或改变其频率也是代表一种信号。

所谓跳闸信号是指：出现高频信号就构成跳闸的充分条件，不论保护装置是否动作。可见它与继电保护的动作信号之间是"或"的逻辑关系。

所谓允许信号是指：出现高频信号仅构成跳闸的必要条件，必须再和保护装置的动作行为组成"与"门，才构成跳闸的充分条件。没有高频信号则构成不跳闸的充分条件。

所谓闭锁信号是指：出现高频信号构成不跳闸的充分条件，没有高频信号仅是跳闸的必要条件，后者和保护装置的动作行为组成"与"门，构成跳闸的充分条件。

采用闭锁信号的优点是可靠性高，线路故障对传送闭锁信号无影响，所以在以输电线路作高频通道时，广泛采用这种信号方式，缺点是这种信号方式要求两端保护元件动作时间和灵敏系数应很好配合，所以保护结构复杂，动作速度慢。采用允许信号的主要优点是动作速度快，在主保护双重化的情况下，可以利用一套闭锁信号，另一套用允许信号。采用跳闸信号的优点是能从一端判定内部故障，缺点是抗干扰能力差，多用于线路变压器组上。

如果按照高频信号的比较方式，高频信号还可分为间接比较方式和直接比较方式两种。所谓间接比较方式是指：高频信号仅将本侧交流继电器对故障的判断结果传送到对侧去，线路两侧保护根据两侧交流继电器对故障判断的结果做出最终判断。所以高频信号间接代表交流电气量，可以简单地用高频电流的有或无来代表逻辑信号的"是"或"非"。这种方式对通道要求简单，被广泛采用。

所谓直接比较方式是指：高频信号直接将两侧交流电气量传送到对侧，在两侧保护的继电器中直接比较两侧的交流电气量，然后做出故障判断。由于这种比较方式要传送交流量，比较复杂，在实际使用的高频保护中一般只传送代表电流相位的高频信号。

根据高频信号的利用方式一般将常用的高频保护分以下四种：

（1）高频闭锁方向保护（间接比较式闭锁信号）；

（2）高频闭锁距离保护（间接比较式闭锁信号）；

（3）相差高频保护（直接比较式闭锁信号和允许信号）；

（4）高频远方跳闸保护（间接比较式跳闸信号）。

目前，高频闭锁方向保护、高频闭锁距离保护原理等广泛用于高压或超高压线路的常规与微机成套线路保护装置中，作为线路的主保护。

4.3.3　高频闭锁方向保护

扫一扫查看视频

方向高频保护是通过高频通道间接地比较被保护线路两侧的功率方向，以判别是被保护线路内部短路还是外部短路。按照之前的规定以母线指向线路的功率方向为正方向；以线路指向母线的功率方向为反方向。被保护线路两侧都装有方向元件，且采用当线路发生故障时，若功率方向为正，则高频发信机不发信，若功率方向为负，则高频发信机发信的方式。

在图 4-5 所示的系统中，当 BC 段的 k 点发生短路时，保护 3 和 4 的方向元件反应为正向短路，两侧都不发高频闭锁信号，因此，断路器 3 和 4 都跳闸，瞬时将短路切除。当 k 点发生短路时，对于线路 AB 和 CD，是保护范围外部发生故障，保护 2 和 5 的方向元件反应为反向短路，它们发出的高频闭锁信号，此信号一方面被自己的收信机接收，同时经过输电线路分别送至对端的保护 1 和 6，使保护装置 1、2 和 5、6 都被高频信号闭锁，因此，断路器 1、2 和 5、6 都不跳闸。这种方向高频保护，由于反应反向短路的一侧发出的高频闭锁信号，闭锁了反应为正方向短路一侧保护的断路器跳闸回路，所以称为高频闭锁方向保护。

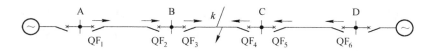

图 4-5　高频闭锁方向保护的作用原理

这种按闭锁信号构成的保护只在非故障线路上才传送高频信号，而在故障线路上并不传送高频信号。因此，在故障线路上，由于短路使高频通道可能遭到破坏时，并不会影响保护的正确动作，这是它的主要优点，也是这种高频信号工作方式得到广泛应用的主要原因之一。

由于高频闭锁方向保护的发信机采用短时发信方式，即正常运行时，发信机并不发信，只是在线路上发生短路时发信机才短时发信，故高频发信机需用启动元件。按照启动元件的不同，有以下的高频闭锁方向保护。

4.3.3.1　电流启动方式的高频闭锁方向保护

图 4-6 为接于被保护线路一端的半套用电流元件启动的高频闭锁方向保护的方框图。另一端的半套保护与此接线完全相同，故略之。线路每一侧的半套保护中，装有两套电流

启动元件 KA$_1$ 和 KA$_2$。KA$_1$ 的灵敏度较高，用来启动发信机，发送高频信号。KA$_2$ 的灵敏度较低，用来启动保护的跳闸回路。方向元件 KP 用来判别短路功率的方向。

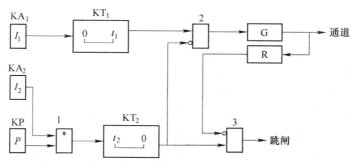

图 4-6　电流元件启动的高频闭锁方向保护的方框图

图中逻辑元件与门 1 综合 KA$_2$ 和 KP 的作用，禁止门 2 闭锁发信回路，禁止门 3 闭锁跳闸回路。

每一侧半套保护中，还装有两个时间元件，它们的作用是为了保证保护的正确动作。时间元件 KT$_1$ 为瞬时动作、延时 t_1s 返回的时间继电器，它的作用是当方向元件 KP 返回后，把发信机发出闭锁信号的时间再延长 t_1s，这是为了在外部短路切除后，防止近故障侧电流元件 KA 先返回，而远故障侧的 KA 和 KP 后返回所引起的非故障线路远离故障侧保护发生误动作。t_1 常取 0.5s。

时间元件 KT$_2$ 为延时 t_2s 动作、瞬时返回的时间继电器，其作用是等待闭锁信号的到来，这是为了防止线路外部短路远离故障侧的保护在未收到近故障侧发信机传送来的高频信号而误动作，一般 t_2 取 4~16ms，应大于高频信号在被保护线路上的传输时间。

当外部短路时，两侧保护装置的电流启动元件都动作，但近故障侧的方向元件 KP 不动作，"与"元件和 KT$_2$ 时间元件不动作，因此断路器不能跳闸，也不闭锁发信回路，而电流启动元件 KA$_1$ 则经禁止门 2 启动发信机，发出高频闭锁信号。远离短路点一侧的保护装置方向元件 KP 动作，但由于收信机接收到对侧发来的高频闭锁信号，将禁止门 3 闭锁，断开了跳闸回路，因此断路器也不能跳闸。

当内部短路时，被保护线路两侧的电流启动元件 KA$_1$、KA$_2$ 和方向元件 KP 均动作，发信机开始发信，经 t_2s 延时后，又将发信机停止发信。两侧收信机均收不到高频闭锁信号，于是禁止门 3 开放，两侧断路器跳闸，将故障线路切除。

采用两个灵敏度不同的电流启动元件，是考虑到被保护线路两侧电流互感器的误差不同和两侧电流启动元件动作值的离散性。如果只用一个电流启动元件，在被保护线路外部短路而短路电流接近启动元件动作值时，近短路侧的电流启动元件可能拒动，导致该侧发信机不发信；而远离短路侧的电流启动元件可能动作，导致该侧发信机仅在 t_1 时间以内发信，经 t_1 延时后，收信机就收不到高频闭锁信号，从而引起该侧断路器误跳闸。采用两个动作电流不等的电流启动元件，就可以防止这种无选择性动作。用动作电流较小的电流启动元件 KA$_1$（灵敏度较高）去启动发信机，用动作电流较大的启动元件 KA$_2$（灵敏度较低）启动跳闸回路，这样，被保护线路任一侧的启动元件 KA$_2$ 动作之前，两侧的启动元件 KA$_1$ 都已先动作，从而保证了在外部短路时发信机能可靠发信，避免了上述的误动作。

启动元件 KA_1 动作电流按照躲开正常运行时最大负荷电流整定：

$$I_{OP1} = \frac{K_{rel}K_{ss}}{K_{re}}I_{L.\,max} \tag{4-12}$$

式中　　K_{rel}——可靠系数，一般取 1.1~1.2；

　　　　K_{ss}——自启动系数，一般取 1~1.5；

　　　　K_{re}——电流继电器的返回系数，一般取 0.85。

启动元件 KA_2 动作电流按照与 KA_1 做灵敏度配合整定，一般取 KA_2 的动作电流为 $I_{OP2} = (1.5 \sim 2)I_{OP1}$，并按照线路末端短路进行灵敏系数校验，要求灵敏系数大于等于 2。通常，线路两侧电流启动元件的动作电流应选为同一数值，即两侧的两个电流启动元件的动作值应分别相等。在电流启动元件的灵敏度不能满足要求时，可采用负序电流元件作为启动元件，其动作电流按躲过最大负荷情况下出现的最大不平衡电流整定。

4.3.3.2　方向元件启动方式的高频闭锁方向保护

图 4-7 为方向元件启动的高频闭锁方向保护的方框图。图中方向元件 KP_1 为在反方向短路时动作的方向元件，用以启动发信机。方向元件 KP_2 为在正方向短路时动作的方向元件，用以启动跳闸回路；方向元件 KP_1 和 KP_2 的动作方向，如图 4-7（b）所示。

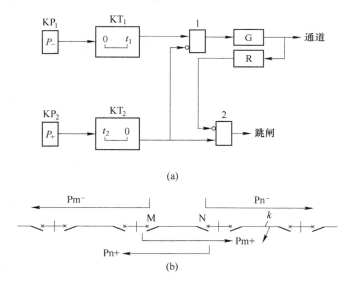

图 4-7　方向元件启动的高频闭锁方向保护的方框图
（a）方框图；（b）方向元件 KP_1 和 KP_2 的动作区

在内部短路时，两侧方向元件 KP_1 均不动作，两侧发信机均不启动；此时，两侧方向元件 KP_2 均动作，延时 t_2s 后，经禁止门 2 作用于跳闸。在外部（见图中的 k 点）短路时，远离短路点一侧（即 M 侧）的 KP_2 动作，准备跳闸；近故障一侧（即 N 侧）的 KP_1 动作，启动该侧发信机，发出高频闭锁信号。远离短路点一侧的收信机收到对侧发来的高频闭锁信号，将禁止门 2 闭锁，所以远离短路点一侧的断路器不会误跳闸。为了保证被保护线路外部短路时保护的选择性，一方面两侧方向元件在灵敏度上应当配合，即近短路点一侧的 KP_1 应较远离短路点一侧的 KP_2 更灵敏；另一方面近短路点一侧的 KP_1 的动作区必须大于远离故障点一侧的 KP_2 的动作区。时间元件 KT_1、KT_2 的作用和整定，分别与用电流元件启动的高频闭锁方向保护中的 KT_1、KT_2 相同。

时间元件 KT_2 动作后将禁止门 1 闭锁，是为了防止在内部短路的暂态过程中，方向元件 KP_1 可能短暂动作而引起保护动作的延缓。

方向元件启动的高频闭锁方向保护的总体构成比较简单，这是这种保护方式的主要优点。但是，由于没有另外的启动元件，所以，方向元件的动作功率必须大于最大负荷功率，以避免输电线路正常运行时，由输送最大负荷引起的保护误动作。由于负序功率方向继电器能反映各种短路故障，保护无动作死区，且在正常情况和系统振荡时不会误动作，因此目前广泛采用负序方向元件来代替一般方向元件，从而使方向元件启动的高频闭锁方向保护的性能更趋完善。

4.3.3.3　远方启动方式的高频闭锁方向保护

图 4-8 为远方启动方式的高频闭锁方向保护的框图。这种启动方式只有一个启动元件，即电流继电器 KA。发信机既可由启动元件 KA 启动，也可由收信机收到对端的高频信号后，经延时元件 KT_3、或门 1、禁止门 2 来启动。这样在外部短路时，即使只有一侧启动元件 KA 启动发信机，另一侧通过高频通道接收到远方传来的信号也将发信机启动起来，后者的启动方式称为远方启动。

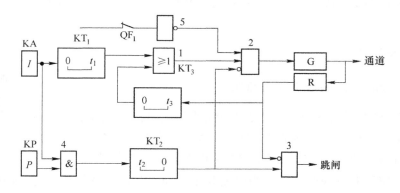

图 4-8　远方启动的高频闭锁方向保护的框图

在两侧相互远方启动后，为了只使发信机固定启动一段时间，在图 4-8 中设置时间元件 KT_3，该时间元件为瞬时启动、延时返回，延时返回的时间 t_3 就是发信机固定启动时间。在收信机收到对侧发来的高频信号后，时间元件 KT_3 立即发出一个持续时间 t_3 的脉冲，经或门 1、禁止门 2 使发信机发信。经过时间 t_3 后，远方启动回路就自动切断。t_3 的时间应大于外部短路可能持续的时间，一般取 $t_3 = 5 \sim 8s$。这是因为在外部故障切除前，若近故障点端的发信机由远方启动的高频发信机停止发信，对端保护因收不到高频闭锁信号而误动作。

在外部短路时，由于近故障侧保护的正向方向元件 KP 不会动作，禁止门 2 不会被闭锁，发信机能够发信，向对侧传送高频闭锁信号。对侧收信机收到高频信号，所以不会误跳闸。如果此时近故障侧启动元件 KA_1 不动作，远离故障侧的启动元件 KA_1 及正方向元件 KP 动作时，则远离短路侧将误跳闸。为了避免这种误动作，时间元件 KT_2 的整定值应大于高频信号在高频通道上往返一次所需的时间，一般取 $t_2 = 20ms$。这样在外部故障时，远故障侧的收信机才能在时间内收到近故障侧用远方启动方式发来的高频闭锁信号，将保护可靠闭锁。

采用远方启动方式，只需设一个启动元件，可以提高保护的灵敏性，但动作速度较慢。在单侧电源下线路内部短路时，受电侧被远方启动后不能停止发信，这样就会造成电源侧保护拒动，为了使电源侧保护能快速动作于跳闸，在图 4-8 中设置了断路器的辅助常闭触点 QF_1，其作用是当本侧断路器跳闸后，QF_1 将闭锁本侧的发信机，不允许远方启动。这样电源侧保护可在 KT_2 延时后跳闸。

4.3.4　高频闭锁距离保护

高频闭锁距离保护与高频闭锁方向保护的构成和原理相似，即把后者的功率方向元件换成了方向阻抗继电器，还可以认为是在距离保护的基础上加设高频部分。因此该保护能瞬时切除被保护线路上任何一点的故障，而当发生外部故障时，利用距离保护本身的特点，可按不同的时限动作，起到后备保护的作用。另外当高频保护部分故障或退出时，距离保护仍能继续工作。但当距离保护故障或退出时，高频保护部分不能独立运行。它的起动元件是利用距离保护的起动元件。但除采用负序起动元件时不受系统振荡的影响外，采用其他起动元件均受此影响。另外，保护受串联补偿电容器的影响较大，电压回路断线时可能误动。

4.3.5　相差高频保护

4.3.5.1　相差高频保护的工作原理

所谓相差高频保护，就是比较被保护线路两侧电流的相位，即利用高频信号将电流的相位传送到对侧去进行比较而决定跳闸与否。

扫一扫查看视频

假设系统各元件的阻抗角相同，假定电流正方向为母线流向线路，那么电流从线路流向母线则为负。当电流为正方向，在区内发生故障时，两侧电流同相位，也就是相位差为 0°，发出跳闸脉冲；当区外发生故障时，两侧电流相位差为 180°，保护不动作，如图 4-9 所示。因此，相差高频保护可以根据线路两侧电流之间的相位角的不同，来判断是内部故障还是外部故障。

相差高频保护的原理接线图如图 4-10 所示。相差高频保护主要由综合电流滤过器、负序电流滤过器、电流继电器（其中反应对称短路的灵敏元件 KA_1 和不灵敏元件 KA_2，反应不对称短路的灵敏元件 KA_3 和不灵敏元件 KA_4）、比相闭锁继电器 KDS、比相输出变压器 CT、操作互感器 TV 及收发信机等元件组成。

传统的相差高频保护广泛采用故障启动发信模式，正常时收发信机的振荡工作，调制部分输出的是反应被保护线路三相正负序电流滤过器输出的相位，由于发信机的功放级没有电源，故不能向高频通道发信号。系统发生故障时，灵敏元件首先起动，给发信机的功

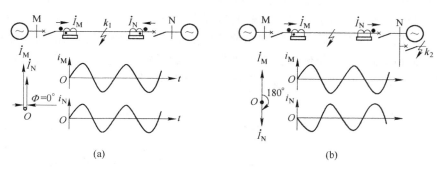

图 4-9　相差高频保护原理示意图
（a）内部故障；（b）外部故障

放级提供电源，发信机立刻向通道发送出故障电波时，说明被保护线路内部故障，比相变压器 CT 有输出，比相继电器 KDS 动作，发出跳闸脉冲。若收信机收到连续高频波，说明是区外故障，经检波限幅倒相处理后，比相变压器 CT 输出电流为零，比相继电器不动作，闭锁保护出口回路。

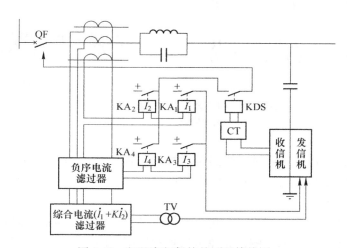

图 4-10　相差高频保护的原理接线图

4.3.5.2　相差高频保护的工作特性

相差高频保护的工作特性如图 4-11 所示。当内部故障时，如图 4-11（a）所示，线路两侧的故障电流都是从母线流入线路，两侧的电流 i_M、i_N 同相位，两侧发信机于工频电流正半周同时发信，于工频电流负半周停信。$i_{h.M}$ 和 $i_{h.N}$ 分别为 M 侧和 N 侧发送的高频电流信号。收信机收到的两侧综合高频信号 $i_{h.MN}$ 是间断的高频电流，间断角度是 180°（对应于工频），比相变压器 CT 动作，从而保护跳闸。

当线路外部故障时，如图 4-11（b）所示，被保护线路两侧工频电流 $i_M i_N$ 反相，相位差为 180°，两侧发信机在正半周发信，负半周不发信，故 $i_{h.M}$ 和 $i_{h.N}$ 的相位仍相差 180°。

两侧收信机收到的高频电流 $i_{h.MN}$ 为连续的高频电流，间断角度为 0°，比相变压器 CT 无输出，故两侧保护不动作。由于信号在传输的过程中幅值有衰减，因此送到对侧的信号幅值要小一些。因此，当内部故障时，每侧保护不需要通道传送对侧的高频电流，保护就能正确动作；而当外部故障时，每侧保护必须接收对侧发出的高频电流，收信机收到连续的高频电流，保护才闭锁，因此，高频通道里传送的是闭锁信号。

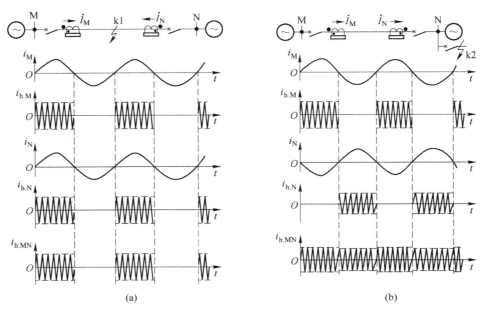

图 4-11　相差高频保护工作情况示意图
（a）内部故障；（b）外部故障

理想状态下，当外部故障时，线路两次操作电流的相位差是 180°，但在实际中由于存在各种误差，所以两侧操作电流的相位差并不是 180°。误差主要如下。

（1）两侧电流互感器的角度误差一般为 7°。

（2）保护装置本身的相位误差，包括操作滤过器和操作回路的角误差，一般为 15°。

（3）高频电流从线路的对侧以光速传送到本侧所需的时间 t 产生的延迟角误差：

$$\alpha = 6°l/100$$

式中　l——输电线路的长度，km。

（4）为保证动作的选择性，应考虑一定的裕度，令裕度角为 15°：

$$\beta = 7° + 15° + 6°l/100 + 15° = 37° + 6°l/100 \tag{4-13}$$

式中　β——闭锁角。

在 110~220kV 输电线路上，通常选择闭锁角 $\beta = 60°$，对于工频电流，电角度 60° 对应的时间为 3.3ms。

4.3.5.3　相差高频保护的特点

相差高频保护有如下优点：

（1）能反应全相状态下的各种对称和不对称故障，装置比较简单；

（2）不反应系统振荡，在非全相运行状态下和单相重合闸过程中，保护能继续运行；

（3）保护的工作情况与是否有串补电容及其保护间隙是否不对称击穿基本无关；

（4）不受电压二次回路断线的影响。

缺点如下：

（1）重负荷线路，负荷电流改变了线路两端电流的相位，对内部故障保护动作不利；

（2）当一相断线接地或非全相运行过程中发生区内故障时，灵敏度变坏，甚至可能拒动；

（3）对通道要求较高，占用频带较宽，在运行中，线路两端保护需联调；

（4）线路分布电容严重影响线路两端电流的相位，限制了其使用线路长度。

任务 4.4 自动重合闸

4.4.1 自动重合闸的作用与要求

电力系统的实际运行经验表明，在输电网中发生的故障大多是暂时性的，如雷击过电压引起的绝缘子表面闪落，树枝落在导线上引起的短路，大风时的短时碰线，通过鸟类的身体放电等。发生此类故障时，继电保护若能迅速使断路器跳开电源，故障点的电弧即可熄灭，绝缘强度重新恢复，原来引起故障的树枝、鸟类等也被电弧烧掉而消失。这时若重新合上断路器，往往能恢复供电。因此常称这类故障为暂时性故障。此外，输电线路上也可能发生由于倒杆、断线、绝缘子击穿等引起的永久性故障，这类故障被继电保护切除后，如重新合上断路器，由于故障依然存在，线路还要被继电保护装置切除，因而就不能恢复正常的供电。

对于暂时性故障，断路器断开后再重合一次就能恢复供电，从而可减少停电时间，提高供电的可靠性。重新合上断路器的工作可由运行人员手动操作进行，但手动操作造成的停电时间太长，用户电动机多数可能已经停止运行，因此，这种重新合闸的效果就不显著。为此，在电力系统中广泛采用了自动重合闸装置（简称 AR），当断路器跳闸后，它能自动将断路器重新合闸。

当输电线路发生故障时，自动重合闸装置本身并不能判断故障是暂时性的还是永久性的，因此，在重合之后，可能成功（恢复供电），也可能不成功。重合成功的次数与总动作次数之比称为重合闸的成功率。根据运行资料统计，输电线路自动重合闸的成功率在 $60\% \sim 90\%$。

在微机保护中，重合闸装置应用自适应原理可在重合之前先判断是瞬时性故障还是永久性故障，然后再决定是否重合，这样可大大提高重合闸的成功率。

在输电线路上采用自动重合闸概括起来有以下几方面的作用：

（1）在输电线路发生暂时性故障时，能迅速恢复供电，从而能提高供电的可靠性；

（2）对于双侧电源的输电线路，可以提高系统并列运行的稳定性；

（3）在电网的设计与建设过程中，有些情况下由于考虑重合闸的作用，可以暂缓架设双回线路，以节约投资；

（4）可以纠正由于断路器本身机构的问题或继电保护误动作引起的误跳闸。

采用自动重合闸后，当重合于永久性故障时，也将带来一些不利影响，例如：

（1）电力系统将再次受到短路电流的冲击，对超高压系统还可能降低并列运行的稳定性，可能引起系统振荡；

（2）使断路器的工作条件更加恶劣，因在短时间内连续两次切断短路电流。这种情况对于油断路器必须予以考虑，因为第一次跳闸时，由于电弧的作用，已使绝缘介质的绝缘强度降低，在重合后第二次跳闸时，是在绝缘强度已经降低的不利条件下进行的，因此，油断路器在采用了重合闸以后，其遮断容量也要不同程度的降低（一般降低到 80% 左右）。

对于重合闸的经济效益，应该用无重合闸时因停电而造成的国民经济损失来衡量。由于重合闸装置本身的投资很低，工作可靠，因此，在电力系统中获得广泛的应用。

4.4.1.1　装设重合闸的规定

（1）在 3kV 及以上的架空线路或电缆与架空线的混合线路，在具有断路器的条件下，如用电设备允许且无备用电源自动投入时，一般都应装设自动重合闸装置。

（2）旁路断路器和兼作旁路的母联断路器或分段断路器，应装设自动重合闸装置。

（3）低压侧不带电源的降压变压器，可装设自动重合闸装置。

（4）必要时，母线故障可采用母线自动重合闸装置。

4.4.1.2　对自动重合闸的基本要求

A　动作迅速

为了尽可能缩短电源中断的时间，在满足故障点电弧熄灭并使周围介质恢复绝缘强度所需要的时间，以及断路器灭弧室与断路器的传动机构准备好再次动作所必需的时间的条件下，自动重合闸装置的动作时间应尽可能短。重合闸的动作时间一般采用 0.5~1s。

B　自动重合闸装置不应动作的情况

（1）由运行人员手动操作或通过遥控装置将断路器断开时，自动重合闸装置不应动作。

（2）断路器手动合闸，由于线路上有故障，而随即被继电保护跳开时，自动重合闸装置不应动作。因为在这种情况下，故障多属于永久性故障，再合一次也不可能成功。

（3）当断路器处于不正常状态时（如操动机构中使用的气压、液压异常等）。

C　动作的次数应符合预先的规定

不允许自动重合闸装置任意多次重合，其动作的次数应符合预先的规定。如一次重合闸就只能重合一次。当重合于永久性故障而断路器再次跳闸后，就不应再重合。在任何情况下，例如装置本身的元件损坏、继电器拒动等，都不应使断路器错误的多次重合到永久性故障上去。因为如果重合闸多次重合于永久性故障，将使系统多次遭受冲击，同时还可能损坏断路器，从而扩大事故。

D　动作后应能自动复归

自动重合闸装置成功动作一次后应能自动复归，为下一次动作做好准备。对于 10kV 及以下电压的线路，如有人值班时，也可采用手动复归方式。

E　重合闸时间应能整定

重合闸时间应能整定，并有可能在重合闸以前或重合闸以后加速继电保护的动作，以便更好地与继电保护相配合，加速故障的切除。

F　用不对应原则启动

一般自动重合闸可采用控制开关位置与断路器位置不对应原则启动重合闸装置，即当控制开关在合闸位置而断路器实际上在断开位置的情况下，使重合闸启动，这样就可以保证不论是什么原因使断路器跳闸后，都可以进行一次重合。综合自动重合闸宜采用不对应原则和保护同时启动。

4.4.1.3　自动重合闸的类型

采用重合闸的目的有两点：一是保证并列运行系统的稳定性；二是尽快恢复瞬时故障元件的供电，从而自动恢复整个系统的正常运行。

按照自动重合闸装置作用于断路器的方式可分为以下三种类型。

A　三相重合闸

三相重合闸是指不论线路上发生的是单相短路还是相间短路，继电保护装置动作后均使断路器三相同时断开，然后重合闸再将断路器三相同时投入的方式。当前一般只允许重合闸动作一次，故称为三相一次自动重合闸装置。

B　单相重合闸

在110kV及以上电力系统中，由于架空线路的线间距离大，相间故障的机会很少，而绝大多数是单相接地故障。因此在发生单相接地故障时，只把故障相断开，然后再进行单相重合，而未发生故障的两相仍然继续运行，这样就能够大大提高供电的可靠性和系统并列运行的稳定性，这种重合闸方式称为单相重合闸。如果是永久性故障，单相重合不成功，且系统又不允许非全相长期运行，则重合后，保护动作使三相断路器跳闸不再进行重合。

C　综合重合闸

综合重合闸是将单相重合闸和三相重合闸综合到一起，当发生单相接地故障时，采用单相重合闸方式工作；当发生相间短路时，采用三相重合闸方式工作。综合考虑这两种重合闸方式的装置称为综合重合闸装置。

根据重合闸控制的断路器所接通或断开的元件不同，可将重合闸分为线路重合闸、变压器重合闸和母线重合闸等。目前在10kV及以上架空线路和电缆与架空线路的混合线路上，广泛采用重合闸装置，只有个别由于系统条件的限制，不能使用重合闸。例如，断路器遮断容量不足，防止出现非同期情况或者防止在特大型汽轮发电机出口重合于永久性故障时，产生更大的扭转力矩而对周围系统造成损坏等。鉴于单母线或双母线的变电所在母线故障时会造成全停或部分停电的严重后果，有必要在枢纽变电所装设母线重合闸。根据系统的运行条件，事先安排哪些元件重合、哪些元件不重合、哪些元件在符合一定条件时才重合；如果母线上的线路及变压器都装设三相重合闸，使用母线重合闸不需要增加设备与回路，只是在母线保护动作时不去闭锁那些预计重合的线路和变压器，实现比较简单。变压器内部故障多数是永久性故障，因而当变压器的瓦斯保护和差动保护动作后不重合，仅当后备保护动作时启动重合闸。

根据重合闸控制断路器连续合闸次数的不同，可将重合闸分为多次重合闸和一次重合闸。多次重合闸一般使用在配电网中与分段器配合，自动隔离故障区段，是配电自动化的重要组成部分。而一次重合闸主要用于输电线路，以提高系统的稳定性。

对一个具体的线路，究竟使用何种重合闸方式，要结合系统的稳定性分析，选取对系统稳定最有利的重合方式。一般遵循下列原则：

（1）一般没有特殊要求的单电源线路，宜采用一般的三相重合闸；

（2）凡是选用简单的三相重合闸能满足要求的线路，都应选用三相重合闸；

（3）当发生单相接地短路时，如果使用三相重合闸不能满足稳定性要求而出现大面积停电或重要用户停电者，应当选用单相重合闸和综合重合闸。

4.4.2　单侧电源线路的三相一次自动重合闸

在电力系统中，三相一次自动重合闸的应用十分广泛。当输电线路上不论发生单相接地短路还是相间短路时，继电保护装置均将线路三相断路器断开，然后自动重合闸装置启动，经预定延时（一般为 0.5~1.5s）发出重合脉冲，将三相断路器同时合上。若故障为暂时性的，则重合成功，线路继续运行；若故障为永久性的，则继电保护再次将三相断路器断开，不再重合。

单侧电源线路的三相一次自动重合闸由于下列原因，使其实现较为简单。

（1）重合闸启动。当断路器由继电保护动作跳闸或其他非手动原因而跳闸后，重合闸均应启动。一般使用断路器的辅助常闭触点或者用合闸位置继电器的触点构成，在正常情况下，当断路器由合闸位置变为分闸位置时，立即发出启动指令。

（2）重合闸时间。启动元件发出启动指令后，时间元件开始计时，达到预定的延时后，发出一个短暂的合闸命令。这个延时即重合闸时间，可以对其整定。

（3）一次合闸脉冲。当延时时间到后，它立即发出一个可以合闸的脉冲命令，并且开始计时，准备重合闸的整组复归，复归时间一般为 15~25s。在这个时间内，即使再有重合闸时间元件发出命令，它也不再发出可以合闸的第二次命令。此元件的作用是保证在一次跳闸后有足够的时间合上（暂时性故障）和再次跳开（对永久性故障）断路器，而不会出现多次重合。

（4）手动跳闸后闭锁。当手动跳开断路器时，也会启动重合闸回路，为消除这种情况造成的不必要合闸，常设置闭锁环节，使其不能形成合闸命令。

（5）重合闸后加速保护跳闸回路。对于永久性故障，在保证选择性的前提下，尽可能地加快故障的再次切除，需要保护与重合闸配合。当手动合闸到带故障的线路上时，保护跳闸，故障一般是因为检修时的保安接地线未拆除、缺陷未修复等永久性故障，不仅不需要重合，而且还要加速保护的再次跳闸。

这种重合闸的实现元件有电磁型、晶体管型、集成电路型及微机型等，它们的工作原理是相同的，只是实现的方法不同。图 4-12 所示工作原理框图各部分如下。

（1）重合闸启动。当断路器由继电保护动作跳闸或其他非手动原因而跳闸后，重合闸均应启动。一般使用断路器的辅助常闭触点或者用合闸位置继电器的触点构成，在正常情况下，当断路器由合闸位置变为分闸位置时，立即发出启动指令。

（2）重合闸时间。启动元件发出启动指令后，时间元件开始计时，达到预定的延时后，发出一个短暂的合闸命令。这个延时即重合闸时间，可以对其整定。

（3）一次合闸脉冲。当延时时间到后，它立即发出一个可以合闸的脉冲命令，并且开始计时，准备重合闸的整组复归，复归时间一般为 15～25s。在这个时间内，即使再有重合闸时间元件发出命令，它也不再发出可以合闸的第二次命令。此元件的作用是保证在一次跳闸后有足够的时间合上（暂时性故障）和再次跳开（对永久性故障）断路器，而不会出现多次重合。

（4）手动跳闸后闭锁。当手动跳开断路器时，也会启动重合闸回路，为消除这种情况造成的不必要合闸，常设置闭锁环节，使其不能形成合闸命令。

（5）手动合闸后加速保护跳闸回路。对于永久性故障，在保证选择性的前提下，尽可能地加快故障的再次切除，需要保护与重合闸配合。当手动合闸到带故障的线路上时，保护跳闸，故障一般是因为检修时的保安接地线未拆除、缺陷未修复等永久性故障，不仅不需要重合，而且还要加速保护的再次跳闸。

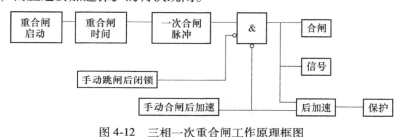

图 4-12　三相一次重合闸工作原理框图

4.4.3　双侧电源线路的三相一次自动重合闸

4.4.3.1　双侧电源线路自动重合闸的特点

在两端均有电源的输电线路采用自动重合闸装置时，还应考虑下述因素。

（1）动作时间的配合。当线路上发生故障时，两侧的继电保护可能以不同的时限动作于跳闸。例如，在靠近线路一侧发生短路时，本侧继电保护属于第Ⅰ段动作范围，保护会无延时跳闸；而另一侧则属于第Ⅱ段动作范围，保护会带延时跳闸，为了保证故障点电弧的熄灭和绝缘强度的恢复，以使重合闸成功，线路两侧的重合闸必须保证两侧的断路器确已断开后，才能将本侧断路器进行重合。

（2）当线路上发生故障跳闸以后，常常存在着重合闸时两侧电源是否同步以及是否允许非同步合闸的问题。

因此，双电源线路上的重合闸，应根据电网的接线方式和运行情况，在单侧电源重合闸的基础上，采取一些附加措施，以适应新的要求。

4.4.3.2　双侧电源线路自动重合闸的主要方式

近年来，双侧电源线路的重合闸出现了很多新的方式，保证了重合闸具有显著的效果，现将主要方式分述如下。

A　并列运行的发电厂或电力系统之间在电气上有紧密联系时

由于同时断开所有联系的可能性几乎不存在，因此，当任一条线路断开之后，又进行重合闸时，都不会出现非同步合闸的问题，在这种情况下，可以采用不检查同步的自动重合闸。

B   并列运行的发电厂或电力系统之间在电气上联系较弱时

此时需根据具体情况进行考虑。

当非同步合闸的最大冲击电流超过允许值（按 $\delta = 180°$，所有同步发电机的电势 $E = 1.05U_{\mathrm{N \cdot G}}$ 计算）时，则不允许非同步合闸，此时必须检定两侧电源确实同步后，才能进行重合闸，为此可在线路的一侧采用检查线路无电压，而在另一侧采用检定同步的重合闸，如图 4-13 所示。

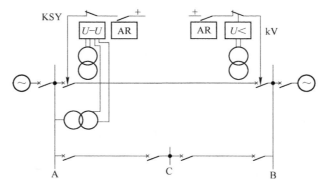

图 4-13   具有同步和无电压检定的重合闸示意图
$U\text{-}U$—同步检定继电器；$U<$—无电源检定继电器；AR—自动重合闸装置

（1）当非同步合闸的最大冲击电流符合要求，但从系统安全运行考虑（如对重要负荷的影响等）不宜采用非同步重合闸时，可在正常运行方式下，采用不检查同步的重合闸，而当出现其他联络线路均断开而只有一回线路运行时，将重合闸停用，以避免发生非同步重合闸的情况。

（2）在没有其他旁路联系的双回线路上，如图 4-14 所示，当不能采用非同步合闸时，可采用检定另一回线路上有无电流的重合闸。因为当另一回线路上有电流时，即表示两侧电源仍保持联系，一般是同步的，因此可以重合闸。采用这种重合方式的优点是因为电流检定比同步检定简单。

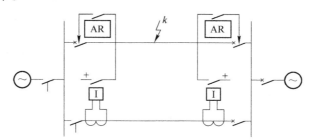

图 4-14   双回线路上采用检查另一回线路有无电流的重合闸示意图

C   在双侧电源的简单回路上不能采用非同步重合闸时

可根据具体情况采用下列重合闸方式。

（1）一般采用解列重合闸，如图 4-15（a）所示，正常时由系统向小电源侧输送功率，当线路发生故障后，系统侧的保护动作使线路断路器跳闸，小电源侧的保护动作使解列点跳闸，而不跳故障线路的断路器，小电源与系统解列后，其容量应基本上与所带的重要负荷相平衡，这样就可以保证地区重要负荷的连续供电。在两侧断路器跳闸后，系统侧的重合闸检查线路无电压，在确定对侧已跳闸后进行重合，如重合成功，则由系统恢复对地区非重要负荷的供电，然后，再在解列点处进行同步并列，即可恢复正常运行。如果重合不成功，则系统侧的保护再次动作跳闸，地区的非重要负荷被迫中断供电。

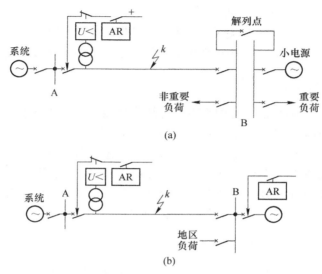

图 4-15　重合闸示意图

（a）单回线路上采用解列重合闸示意图；（b）在水电厂采用自同步重合闸示意图

　　解列点的选取原则是，尽量使发电厂的容量与其所带的负荷接近平衡，这是该种重合闸发生所必须考虑并加以解决的问题。

　　（2）对水电厂如条件许可时，可以采用自同步重合闸，如图 4-15（b）所示，线路上 k 点发生故障后，系统侧的保护使线路断路器跳闸，水电厂侧的保护则动作于跳开发电机的断路器和灭磁开关，而不跳开故障线路的断路器。然后系统侧的重合闸检查线路无电压而重合，如重合成功，则水轮发电机以自同步的方式自动与系统并列，因此称为自同步重合闸。如重合不成功，则系统侧的保护再次动作跳闸，水电厂也被迫停机。

　　采用自同步重合闸时，必须考虑对水电厂侧地区负荷供电的影响，因为在自同步重合闸的过程中，如果不采取其他措施，它将被迫全部停电。当水电厂有两台以上的机组时，为了保证对地区负荷的供电，则应考虑使一部分机组与系统解列，继续向地区负荷供电，另一部分机组实行自同步重合闸。

　　（3）当上述各种方式的重合闸难于实现，而同步检定重合闸确有一定效果时，如当两个电源与两侧所带负荷各自接近平衡，因而在单回联络线路上交换的功率较小，或者当线路断开后，每个电源侧都有一定的备用容量可供调节时，则可采用同步检定和无压检定的重合闸。

　　D　非同步重合闸

　　当符合下列条件且认为有必要时，可采用非同步重合闸，即在线路两侧断路器跳闸后，不管两侧电源是否同步，一般不需附加条件即可进行重合闸，在合闸瞬间，两侧电源很可能是不同步的。

（1）非同步重合闸时，流过发电机、同步调相机或变压器的最大冲击电流不超过规定值。在计算时，应考虑实际上可能出现的对同步发电机或变压器最为严重的运行方式。

（2）在非同步合闸后所产生的振荡过程中，对重要负荷的影响较小，或者可以采取措施减小其影响时（如尽量使电动机在电压恢复后能自启动，在同步电动机上装设再同步装置等）。

E　220～500kV 线路应根据电力网结构和线路的特点确定重合闸方式

对 220kV 线路，满足上述有关采用三相重合闸方式的规定时，可装设三相重合闸装置，否则装设综合重合闸装置，330～500kV 线路一般情况下应装设综合重合闸装置。

4.4.4　重合闸动作时限的选择原则

现在电力系统广泛使用的重合闸都不区分故障是瞬时性的还是永久性的。对于瞬时性故障，必须等待故障点的消除、绝缘强度恢复后才有可能重合成功，而这个时间与湿度、风速等有关。对于永久性故障，除考虑上述时间外，还要考虑重合到永久故障后断路器内部的油压、气压的恢复以及绝缘介质、绝缘强度的恢复等，保证断路器能够再次切断短路电流。按以上原则确定的最小时间称为最小合闸时间，实际使用的重合闸时间必须大于这个时间，根据重合闸在系统中的主要作用计算确定。

4.4.4.1　单侧电源线路的三相重合

为了尽可能缩短电源中断的时间，重合闸的动作时限原则上应越短越好。因为电源中断后，电动机的转速急剧下降，电动机被其负荷转矩所制动，当重合闸成功恢复供电后，很多电动机要自起动，由于自起动的电流很大，往往又会引起电网内部电压的降低，因而造成自启动的困难或延长了恢复正常工作的时间。电源中断时间越长，则影响就越严重。

一般重合闸的最小时间按下述原则确定：

（1）在断路器跳闸后负荷电动机向故障点反馈电流的时间，故障点的电弧熄灭并使周围介质恢复绝缘强度所需要的时间；

（2）在断路器跳闸熄弧后，其触头周围绝缘强度的恢复以及灭弧室重新充满油、气需要的时间，同时其操动机构恢复原状准备好再次动作需要的时间；

（3）如果重合闸是利用继电保护跳闸出口启动，其动作时限还应加上断路器的跳闸时间。根据我国一些电力系统的运行经验，上述时间整定为 0.3～0.5s 似乎太小，其重合成功率较低，因而采用 1s 左右较为适宜。

4.4.4.2　双侧电源线路的三相重合闸

其时限除满足以上要求外，还应考虑线路两侧继电保护以不同时限切除故障的可能性。从最不利的情况出发，每一侧的重合闸都应该以本侧先跳闸而对侧后跳闸来作为考虑整定时间的依据。如图 4-16 所示，设本侧保护（保护 1）的动作时间为 t_{PD-1}，断路器的动作时间为 t_{QF-1}，对侧保护（保护 2）的动作时间为 t_{PD-2}，断路器的动作时间为 t_{QF-2}，则在本侧跳闸后，还需要经过 $(t_{PD-2}+t_{QF-1}-t_{PD-2}-t_{QF-1})$ 的时间才能跳闸。再考虑故障点灭弧和周围介质去游离的时间 t_U，则先跳闸一侧重合闸的动作时限应整定：

$$t_{set}=t_{PD-2}+t_{QF-2}-t_{PD-1}-t_{QF-1}+t_U \tag{4-14}$$

　　当线路上装设三段式电流或距离保护时，t 应采用本侧 Ⅰ 段保护的动作时间，而 t 一般采用对侧 Ⅱ 段（或 Ⅲ 段）保护的动作时间。

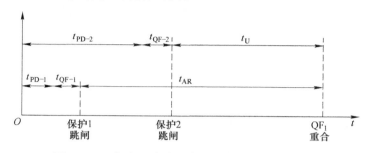

图 4-16　双侧电源线路重合闸动作时限配合示意图

4.4.5　自动重合闸与继电保护的配合

　　在电力系统中，重合闸与继电保护的关系极为密切。为了尽可能利用自动重合闸所提供的条件以加速切除故障，继电保护与之配合时，一般采用如下两种方式。

4.4.5.1　自动重合闸前加速保护

　　重合闸前加速保护一般又简称"前加速"。图 4-17 所示的网络接线中，假设每条线路上均装设过电流保护，其动作时限按阶梯形原则配合。因而，在靠近电源端保护 3 处的时限最长。为了加速故障的切除，可在保护 3 处采用自动重合闸前加速保护动作方式，即当任一线路发生故障时（如图中的 k_1 点），第一次都是由保护 3 瞬时动作予以切除，重合以后保护第二次动作切除故障是有选择性的。例如故障线路 A-B 以外（如 k_1 点故障），则保护 3 的第一次动作是无选择性的，但断路器 QF_3 跳闸后，如果此时的故障是瞬时性的，则在重合闸以后就恢复了供电；如果故障是永久性的，则保护 3 第二次就按有选择性的时限 t_3 动作。为了使无选择性的动作范围不扩展的太长，一般规定当变压器低压侧短路时，保护 3 不应动作。因此，其启动电流还应按躲过相邻变压器低压侧的短路（如 k_2 点短路）来整定。

　　采用"前加速"的优点是：

　　（1）能快速切除暂时性故障；

　　（2）可能使暂时性故障来不及发展成为永久性故障，从而提高重合闸的成功率；

　　（3）能保证发电厂和重要变电站的母线电压在 0.6~0.7 倍额定电压以上，从而保证厂用电和重要用户的电能质量；

　　（4）使用设备少，只需一套自动重合闸装置，简单、经济。

　　其缺点是：

　　（1）断路器工作条件恶劣，动作次数较多；

　　（2）重合于永久性故障时，再次切除故障的时间会延长；

　　（3）若重合闸装置或 QF_3 拒动，则将扩大停电范围，甚至在最末一级线路上故障时，都会使连接在这条线路上的所有用户停电。

　　因此，"前加速"方式主要用于 35kV 以下由发电厂或重要变电所引出的直配线路上，

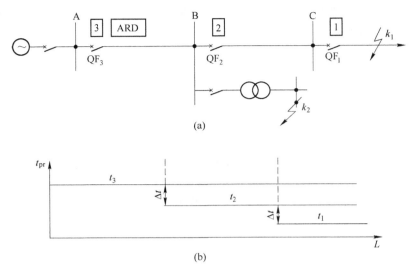

图 4-17　自动重合闸装置前加速保护动作原理图
（a）网络接线圈；（b）实现配合关系

以便快速切除故障，保证母线电压。

4.4.5.2　重合闸后加速保护

重合闸后加速保护一般又简称为"后加速"。所谓后加速就是当线路第一次故障时，保护有选择性动作，然后进行重合。如果重合于永久性故障，则在断路器合闸后，再加速保护动作，瞬时切除故障，而与第一次动作是否带有时限无关。

"后加速"的配合方式广泛应用于 35kV 以上的网络及对重要负荷供电的送电线路上。因为在这些线路上一般都装有性能比较完善的保护装置，如三段式电流保护、距离保护等，因此，第一次有选择性地切除故障的时间（瞬时动作或具有 0.3~0.5s 的延时）均为系统运行所允许，而在重合闸以后加速保护的动作（一般是加速第 Ⅱ 段的动作，有时也可以加速第Ⅲ段的动作），就可以更快地切除永久性故障。

采用后加速的优点是：

（1）第一次跳闸是有选择性的，不会扩大停电范围，特别是在重要的高压电网中，一般不允许保护无选择性的动作，而后以重合闸来纠正（前加速的方式）；

（2）保证了永久性故障能瞬时切除，并仍然具有选择性；

（3）和前加速保护相比，使用中不受网络结构和负荷条件的限制，一般来说是有利而无害的。

采用后加速的缺点是：

（1）第一次切除故障可能带时限；

（2）每个断路器上都需要装设一套重合闸，与前加速相比较为复杂。

利用后加速元件 KCP 所提供的常开触点实现重合闸后加速过电流保护的原理接线如图 4-18 所示。图中 KA 为过电流继电器的触点，当线路发生故障时，它启动时间继电器 KT，然后经整定时限后 KT_2 触点闭合，启动出口继电器 KCO 而跳闸。当重合闸启动以

后，后加速元件 KCP 的触点将闭合 1s 的时间，如
果重合于永久性故障上，则 KA 再次动作，此时即
可由时间继电器 KT 的瞬时常开触点 KT$_1$、连片 XB
和 KCP 的触点串联而立即启动 KCO 动作于跳闸，
从而实现了重合闸后过电流保护加速动作。

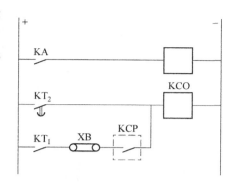

图 4-18 重合闸后加速过电流
保护原理接线图

4.4.6 单相自动重合闸

以上所介绍的自动重合闸均是三相式的，即不
论送电线路上发生单相接地短路还是相间短路，继
电保护动作后均使断路器三相断开，然后重合闸再
将三相断路器合上。

但是运行经验表明，在 220~500kV 的架空线
路上，由于线间距离大，其绝大部分短路故障都是单相接地短路，在这种情况下，如果只
断开故障的一相，而未发生故障的两相仍然继续运行，然后再进行单相重合，就能大大提
高供电的可靠性和系统并列运行的稳定性。如果线路发生的是瞬时性故障，则单相重合成
功，即恢复三相的正常运行。如果是永久性故障，单相重合不成功，则需要根据系统的具
体情况，如不允许长期非全相运行时，即应切除三相并不再进行重合；如需要转入非全相
运行时，则应再次切除单相并不再进行重合。目前一般都是采用重合不成功时跳开三相的
方式。这种单相短路跳开故障单相，经一定时间重合单相，若不成功再跳开三相的重合方
式称为单相自动重合闸。

4.4.6.1 单相自动重合闸与保护的配合关系

通常继电保护装置只判断故障发生在保护区内、区外，决定是否跳闸，而决定跳三相
还是跳单相、跳哪一相，是由重合闸内的故障判别元件和故障选相元件来完成的，最后由
重合闸操作箱发出跳、合断路器的命令。图 4-19 所示为保护装置、选相元件与重合闸回
路的配合框图。

保护装置和选相元件动作后，经与门进行单相跳闸，并同时启动重合闸回路。对于单
相接地故障，就进行单相跳闸和单相重合。对于相间短路，则在保护和选相元件相配合进
行判断之后，跳开三相，然后进行三相重合闸或不进行重合闸。

在单相重合闸过程中，由于出现纵向不对称，因此将产生负序分量和零序分量，这就
可能引起本线路保护以及系统中其他保护的误动作。对于可能误动作的保护，应整定保护
的动作时限大于单相非全相运行的时间，以防误动，或在单相重合闸动作时将该保护予以
闭锁。为了实现对误动作保护的闭锁，在单相重合闸与继电保护相连接的输入端都设有两
个端子：一个端子接入在非全相运行中仍然能继续工作的保护，习惯上称为 N 端子；另
一个端子则接入非全相运行中可能动作的保护，称为 M 端子。在重合闸启动以后，利用
"否"回路即可将接入 M 端的保护跳闸回路闭锁。当断路器被重合而恢复全相运行时，
这些保护也立即恢复工作。

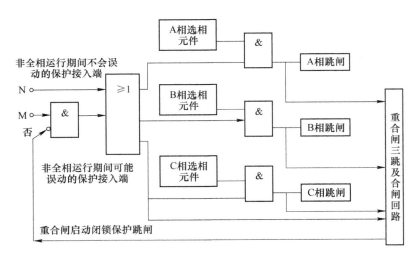

图 4-19　保护装置、选相元件与重合闸回路的配合框图

4.4.6.2　单相自动重合闸的特点

A　故障选相元件

为实现单相重合闸，首先须有故障选相元件。对选相元件的基本要求有：

（1）应保证选择性，即选相元件与继电保护相配合只跳开发生故障的一相，而接于另外两相上的选相元件不应动作；

（2）在故障相末端发生单相接地短路时，接于该相上的选相元件应保证足够的灵敏性。根据网络接线和运行的特点，满足以上要求的常用选相元件有如下几种。

1）电流选相元件：在每相上装设一个过电流继电器，其启动电流按照大于最大负荷电流的原则进行整定，以保证动作的选择性。这种选相元件适于装设在电源端，且短路电流比较大的情况，它是根据故障相短路电流增大的原理而动作的。

2）低电压选相元件：用三个低电压继电器分别接于三相的相电压上，低电压继电器是根据故障相电压降低的原理而动作。它的启动电压应小于正常运行时以及非全相运行时可能出现的最低电压。这种选相元件一般适于装设在小电源侧或单侧电源线路的受电侧，因为在这一侧如用电流选相元件，则往往不能满足选择性和灵敏性的要求。

3）阻抗选相元件、相电流差突变量选相元件等，由于其有较高的灵敏度和选相能力，故常用于高压输电线路上。

B　动作时限的选择

当采用单相重合闸时，其动作时限的选择除应满足三相重合闸时所提出的要求（即大于故障点灭弧时间及周围介质去游离的时间，大于断路器及其操动机构复归原状准备好再次动作的时间）外，还应考虑下列问题：不论是单侧电源还是双侧电源，均应考虑两侧选相元件与继电保护以不同时限切除故障的可能性。潜供电流对灭弧所产生的影响，这是指当故障相线路自两侧切除后，如见图 4-20 所示，由于非故障相与断开相之间存在静电（通过电容）和电磁（通过互感）的联系，因此，虽然短路电流已被切断，但在故障点的弧光通道中，仍然流有如下的电流。

（1）非故障相 A 通过 A、C 相间的电容 C_{ac} 供给的电流。

（2）非故障相 B 通过 B、C 相间的电容 C_{bc} 供给的电流。

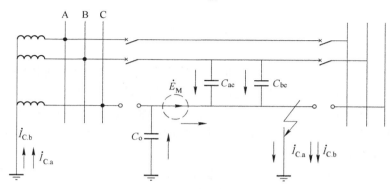

图 4-20 C 相单相接地时潜供电流的示意图

（3）继续运行的两相中，由于仍流过负荷电流，而在 C 相中产生互感电动势 $\dot{E}_M$，此电动势通过故障点和该相对地电容 C_o 而产生的电流。这些电流的总和称为潜供电流。由于潜供电流的影响，将使短路时弧光通道的去游离受到严重阻碍，而自动重合闸只有在故障点电弧熄灭且绝缘强度恢复以后才有可能成功，因此，单相重合闸的时间还必须考虑潜供电流的影响。一般线路的电压越高，线路越长，则潜供电流就越大。潜供电流的持续时间不仅与其大小有关，而且也与故障电流的大小、故障切除的时间、弧光的长度以及故障点的风速等因素有关。因此，为了正确地整定单相重合闸的时间，国内外许多电力系统都是由实测来确定灭弧时间。如我国某电力系统中，在 220kV 的线路上，根据实测确定保证单相重合闸期间的熄弧时间应在 0.6s 以上。

C 对单相重合闸的评价

采用单相重合闸的主要优点。

（1）能在绝大多数的故障情况下保证对用户的连续供电，从而提高供电的可靠性；当由单侧电源单回路向重要负荷供电时，对保证不间断供电更有显著的优越性。

（2）在双侧电源的联络线上采用单相重合闸，可以在故障时大大加强两个系统之间的联系，从而提高系统并列运行的动态稳定性。对于联系比较薄弱的系统，当三相切除并继之以三相重合闸而很难再恢复同步时，采用单相重合闸就能避免两系统解列。

采用单相重合闸的缺点。

（1）需要有按相操作的断路器。

（2）需要专门的选相元件与继电器保护相配合，再考虑一些特殊要求后，导致重合闸回路接线较为复杂。

（3）在单相重合闸过程中，由于非全相运行能引起本线路和电网中其他线路的保护误动作，因此，就需要根据实际情况采取措施予以防止，这将使保护的接线、整定计算和调试工作复杂化。

（4）由于单相重合闸具有以上特点，并在实践中证明了它的优越性，因此，已在

220~500kV 的线路上获得了广泛的应用。对于 110kV 的电力网，一般不推荐这种重合闸方式，只在由单侧电源向重要负荷供电的某些线路，以及根据系统运行需要装设单相重合闸的某些重要线路上才考虑使用。

小　　结

在高压大容量的电力系统中，为保证系统的稳定性，要求全线范围内任意一点发生故障时，保护装置都能瞬时切除故障，因此在这种情况下就必须装设输电线路的全线速动保护。本项目主要介绍了线路的差动保护、平行线路的横差保护、电网高频保护。本项目分析了差动保护的工作原理，不平电流对差动保护的影响等，介绍了高频保护中高频通道的构成，分析了高频保护的工作原理。

对于架空线路的暂时故障，采用自动重合闸恢复对暂时性故障的供电，提高系统的供电可靠性。本项目主要介绍了自动重合闸的作用、单侧电源线路的三相一次自动重合闸、双侧电源线路的三相一次自动重合闸。为了能利用重合闸所提供的条件加速切除故障，自动重合闸与保护装置配合，一般采用重合闸前加速保护和重合闸后加速保护两种方式，根据不同的线路及其保护配置的方式选用。

复习思考题

4-1　简述纵联差动保护的工作原理及不平衡电流产生的因素。

4-2　纵联差动保护适合的线路是什么样的，其特点是什么？

4-3　横联差动保护的优点是什么？

4-4　高频通道是由哪几部分组成的，各部分的作用是什么？

4-5　简述高频闭锁方向保护的工作原理。

项目 5 电力元件的保护配置

学习目标

学习电力元件保护的目的

本项目是分析供配电系统中各类元件（如变压器、发电机）的发生故障和不正常运行状态的前提下，切除这些故障和发现正常运行状态的保护装置的配置，通过掌握变压器、发电机的各种工作原理和性能，确定保护装置的配置。

(1) 能分析电力变压器可能发生的故障和可能出现的不正常运行状态；

(2) 掌握电力变压器瓦斯保护的工作原理和特性；

(3) 掌握电力变压器的电流速断保护的工作原理；

(4) 掌握电力变压器的纵联差动保护；

(5) 掌握电力变压器的后备保护；

(6) 掌握电力变压器的接地保护；

(7) 能分析发电机的故障和不正常运行状态；

(8) 掌握发电机的纵联差动保护；

(9) 掌握发电机的匝间短路保护；

(10) 掌握发电机的接地保护。

学习电力元件保护的意义

在供配电系统中，发电机、变压器是非常重要的环节，本项目通过对变压器、发电机在实际运行中可能发生的故障或不正常运行状态等因素分析，并通过掌握变压器、发电机的各种保护工作原理和性能，从而可以提高读者的实践技能，避免变压器、发电机故障时影响整个供配电系统的安全运行。

任务 5.1 电力变压器的保护

5.1.1 电力变压器的故障、不正常运行及保护配置

在电力系统中广泛使用变压器来升压或降压，变压器是电力系统不可缺少的重要电气设备。它的故障将对供电可靠性和系统安全运行带来严重的影响，同时大容量的变压器也是非常贵重的设备。因此，应根据变压器容量等级和重要程度，装设性能良好、动作可靠的继电保护装置。

扫一扫查看视频

变压器故障可分为油箱内部故障和油箱外部故障。油箱内部故障主要是指发生在变压器油箱内包括高压侧或低压侧绕组的相间短路、匝间短路、中性点直接接地系统侧绕组的单相接地短路。变压器油箱内部故障是很危险的，因为故障点的电弧不仅会损坏绕组绝缘与铁心，而且会使绝缘物质和变压器油箱中的油剧烈汽化，由此可能引起油箱的爆炸。所

以，继电保护应尽可能快地切除这些故障。油箱外部最常见的故障主要是变压器绕组引出线和套管上发生的相间短路和接地短路（直接接地系统侧），而油箱内发生相间短路的情况比较少。

变压器的不正常工作状态主要有：负荷长时间超过额定容量引起的过负荷；外部短路引起的过电流；外部接地短路引起的中性点过电压；油箱漏油引起的油面降低或冷却系统故障引起的温度升高；大容量变压器在过电压或低频等异常运行工况下导致变压器过励磁，引起铁心和其他金属构件过热。变压器处于不正常运行状态时，继电器应根据其严重程度，发出警告信号，使运行人员及时发现并采取相应的措施，以确保变压器的安全。

变压器油箱内部发生故障时，除了变压器各侧电流、电压变化外，油箱内的油、气、温度等非电量也会发生变化。因此，变压器的保护也分为电量保护和非电量保护两种。非电量保护装设在变压器内部。线路保护中采用的许多保护（如过电流保护、纵差保护等）在变压器的电量保护中都有应用，但在配置上有区别。

根据上述故障类型和不正常工作状态，对变压器应装设下列保护。

5.1.1.1　瓦斯保护

对变压器油箱内部的各种故障及油面的降低，应装设瓦斯保护。对 800kV·A 及以上油浸式变压器和 400kV·A 及以上车间内油浸式变压器，均应装设瓦斯保护。当油箱内故障产生轻微瓦斯或油面下降时，应瞬时动作于信号；当产生大量瓦斯时，应动作于断开变压器各侧断路器。

5.1.1.2　纵差保护或电流速断保护

对变压器绕组、套管及引出线上的故障，应根据容量的不同，装设纵差保护或电流速断保护。保护瞬时动作，断开变压器各侧的断路器。

（1）对 6.3MV·A 及以上并列运行的变压器和 10MV·A 单独运行的变压器以及 6.3MV·A 以上，变压器应装设纵差保护。

（2）对 10MV·A 以下厂用备用变压器和单独运行的变压器，当后备保护时间大于 0.5s 时，应装设电流速断保护。

（3）对 2MV·A 及以上用电流速断保护灵敏性不符合要求的变压器，应装设纵差保护。

（4）对高压侧电压为 330kV 及以上变压器，可装设双重纵差保护。

（5）对于发电机变压器组，当发电机与变压器之间有断路器时，发电机装设单独的纵差保护。当发电机与变压器之间没有断路器时，100MW 及以下发电机与变压器组共用纵差保护；100MW 以上发电机，除发电机变压器组共用纵差保护外，发电机还应单独装设纵差保护。对 200~300MW 的发电机变压器组也可在变压器上增设单独的纵差保护，即采用双重快速保护。

5.1.1.3　外部相间短路时的保护

反映变压器外部相间短路并作瓦斯保护和纵差保护（或电流速断保护）后备的过电流保护、低电压启动的过电流保护、复合电压启动的过电流保护、负序电流保护和阻抗保护，保护动作后应带时限动作于跳闸。

（1）过电流保护宜用于降压变压器，保护装置的整定值应考虑事故状态下可能出现的过负荷电流。

（2）复合电压启动的过电流保护，宜用于升压变压器、系统联络变压器和过电流保护不满足灵敏性要求的降压变压器。

（3）负序电流和单相式低电压启动的过电流保护，一般用于 63MV・A 及以上升压变压器。

（4）对于升压变压器和系统联络变压器，当采用上述（2）和（3）的保护不能满足灵敏性和选择性要求时，可采用阻抗保护。对 500kV 系统的联络变压器高、中压侧均应装设阻抗保护。保护可带两段时限，以较短的时限用于缩小故障影响范围，较长的时限用于断开变压器各侧断路器。

5.1.1.4　外部接地短路时的保护

对中性点直接接地电网，由外部接地短路引起过电流时，如变压器中性点接地运行，应装设零序电流保护。零序电流保护通常由两段组成，每段可各带两个时限，并均以较短的时限用于缩小故障影响范围，以较长的时限用于断开变压器各侧的断路器。

5.1.1.5　过负荷保护

对于 400kV・A 及以上的变压器，当数台并列运行或单独运行并作为其他负荷的备用电源时，应根据可能过负荷的情况装设过负荷保护。对自耦变压器和多绕组变压器，保护装置应能反应公共绕组及各侧过负荷情况。过负荷保护应接于相电流上，带时限动作于信号。在无经常值班人员的变电站，必要时过负荷保护可动作于跳闸或断开部分负荷。

5.1.1.6　过励磁保护

现代大型变压器的额定磁密近于饱和磁密，频率降低或电压升高时容易引起变压器过励磁，导致铁心饱和，励磁电流剧增，铁心温度上升，严重过热会使变压器绝缘劣化，寿命降低，最终造成变压器损坏。因此，高压侧为 500kV 及以上的变压器应装设过励磁保护。在变压器允许的过励磁范围内，保护作用于信号，当过励磁超过允许值时，可作用于跳闸。过励磁保护反映于实际工作磁密和额定工作磁密之比（称过励磁倍数）而动作。

5.1.1.7　其他保护

对变压器温度及油箱内压力升高或冷却系统故障，应按现行变压器标准的要求，装设可作用于信号或动作于跳闸的装置。

5.1.2　电力变压器的瓦斯保护

当变压器内部故障（包括轻微的匝间短路和绝缘破坏引起的经电弧电阻的接地短路）时，由于故障点电流和电弧的作用，使得变压器油及其他绝缘材料因局部受热而分解产生气体，因气体比较轻，因而从油箱流向油枕的上部。当故障严重时，油会迅速膨胀并产生大量气体，此时将有大量的气体夹

扫一扫查看视频

杂着油流冲向油枕的上部。利用变压器内部故障时的这一特点构成的保护装置称为瓦斯保护。

如果变压器内部发生严重漏油或匝数很少的匝间短路、铁心局部烧损、线圈断线、绝缘劣化和油面下降等故障时，往往纵差保护等其他保护均不能动作，而瓦斯保护却能够动作。因此，瓦斯保护是变压器内部故障最有效的一种主保护。

瓦斯保护主要由瓦斯继电器来实现，它是一种气体继电器，安装在变压器油箱与油枕之间的连接导油管中，如图 5-1 所示。这样，油箱内的气体必须通过瓦斯继电器才能流向油枕。为了使气体能够顺利地进入瓦斯继电器和油枕，变压器安装时应使顶盖沿瓦斯继电器方向与水平面保持 1%～1.5% 的升高坡度，通往继电器的导油管具有不小于 2%～4% 的升高坡度。

瓦斯继电器的型式较多，下面将以目前广泛使用的开口杯挡板式瓦斯继电器为例说明其工作原理。

常见的气体继电器有浮筒式、挡板式和复合式三种形式，其中复合式气体继电器具有浮筒式和挡板式的优点，现以 Q11-80 型气体继电器为例，来说明气

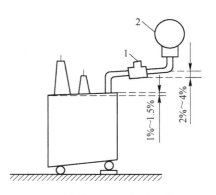

图 5-1　气体继电器安装示意图
1—瓦斯继电器；2—油枕

体继电器的动作原理。图 5-2 为 QJ1-80 型复合式气体继电器结构图。

正常运行时，继电器及开口杯内都充满了油，开口杯因其自重抵消浮力后的力矩小于重锤自重抵消浮力后的力矩而处在上浮位置，固定在开口杯旁的磁铁 4 位于干簧触点 15 的上方，干簧触点可靠断开，轻瓦斯保护不动作；挡板 10 在弹簧 9 的作用下处在正常位置，磁铁 11 远离双干簧触点 13，干簧触点也是断开的，重瓦斯保护也不动作。由于采取了两个干簧触点 13 串联和用弹簧 9 拉住挡板 10 的措施，使重瓦斯保护具有良好的抗振性能。

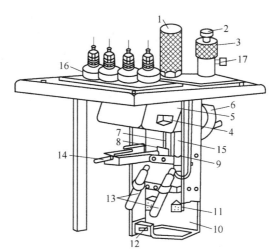

图 5-2　QJ1-80 型气体继电器结构图
1—罩；2—顶针；3—气塞；4，11—磁铁；5—开口杯；6—重锤；7—探针；
8—开口销；9—弹簧；10—挡板；12—螺杆；13—双干簧触点；
14—调节杆；15—干簧触点；16—套管；17—排气口

当变压器内部发生轻微故障时，所产生的少量气体逐渐聚集在继电器的上部，使继电器内的油面缓慢下降，降到油面低于开口杯时，开口杯自重加上杯内油重抵消浮力后的力矩将大于重锤自重抵消浮力后的力矩，使开口杯的位置随着油面下降，磁铁 4 逐渐靠近双干簧触点 15，接近到一定程度时触点闭合，发出轻瓦斯动作的信号。

当变压器内部发生严重故障时，所产生的大量气体形成从变压器冲向油枕的强烈气流，带油的气体直接冲击着挡板 10，克服了弹簧 9 的拉力使挡板偏移，磁铁 11 迅速靠近双干簧触点 13，触点闭合（即重瓦斯保护动作）起动保护出口继电器，使变压器各侧断路器动作，发出跳闸脉冲。

5.1.3　瓦斯保护接线

瓦斯保护的原理接线如图 5-3 所示。瓦斯继电器 KG 的上接点由开口杯控制，闭合后延时发出"轻瓦斯动作"信号。KG 的下接点由挡板控制，动作后经信号继电器 KS 启动继电器 KCO，使变压器各侧断路器跳闸。

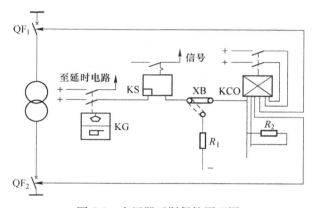

图 5-3　变压器瓦斯保护原理图

为防止变压器油箱内严重故障时油速不稳定，出现跳动现象而失灵，出口中间继电器 KCO 具有自保持功能，利用 KM 第三对触点进行自锁，以保证断路器可靠跳闸，其中按钮用于解除自锁，也可用断路器的辅助常开触点实现自动解除自锁。但这种办法只适于出口继电器 KCO 距高压配电室的断路器较近的情况，否则连线过长而不经济。

为了防止瓦斯保护在变压器换油、瓦斯继电器试验、变压器新安装或大修后投入运行之初时误动作，出口回路设有切换片 XB，将 XB 倒向电阻 R 侧，可使重瓦斯保护改为只发信号。

瓦斯保护动作后，应从瓦斯器上部排气口收集气体进行分析。根据气体的数量、颜色、化学成分、可燃性等，判断保护动作的原因和故障的性质。

瓦斯保护的主要优点是灵敏度高、动作迅速、简单经济，能反应油箱内各种故障。当变压内部发生严重漏油或匝数很少的匝间短路时，一般情况下纵联差动保护与其他保护都不能反映出来，而瓦斯保护却可以反映（这也正是纵联差动保护不能代替瓦斯保护的原因）。但瓦斯保护不能反映油箱外的引出线和套管上的故障，故不能作为变压器唯一的主保护，通常瓦斯保护需与纵差保护配合共同作为变压器的主保护。

5.1.4　电力变压器的电流速断保护

对于容量较小的变压器，当其过电流保护的动作时限大于 0.5s 时，可在电源侧装设电流速断保护。它与瓦斯保护配合，以反映变压器绕组及变压器电源侧的引出线套管上的各种故障。

变压器的电流保护是反应电流增大而瞬时动作的保护，装在变压器的电源侧，对变压器及其引出线上的各种形式的短路保护进行保护。为了保证选择性速断保护只能保护变压器的一部分，一般只能保护变压器的一次测绕组，它适用于容量在 10MV·A 以下容量的变压器，当过电流保护时限大于 0.5s 时，可在电源侧装饰电流速断保护。

电流速断保护的单相原理接线如图 5-4 所示。

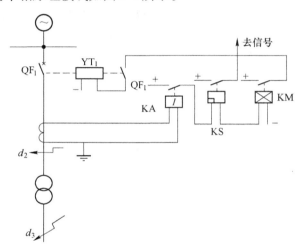

图 5-4　变压器电流速断保护原理接线图

（1）电流速断保护的整定计算。

按躲开变压器负荷侧出口短路的最大电流来整定：

$$I_{OP} = K_{rel} I_{d3.\,max} \tag{5-1}$$

式中　　K_{rel} ——可靠系数，取值 1.3~1.4；

　　　　$I_{d3.\,max}$ ——外部短路的最大三相短路电流。

躲过励磁涌流。根据实际经验及实验数据，一般取：

$$I_{OP} = (3 \sim 4) I_N \tag{5-2}$$

式中　　I_N ——变压器的额定电流。

上述两种整定条件来进行整定，选择其中较大值作为变压器电流速断保护的动作电流。

（2）灵敏度校验。按变压器一次测 d_2 点短路时，流过保护的最小短路电流进行校验：

$$K_{sen} = \frac{I_{d2.\,min}}{I_{OP}} \geqslant 2 \tag{5-3}$$

变压器电流速断保护的优点是接线简单、动作迅速；缺点是只保护变压器的一部分。

5.1.5 电力变压器的纵联差动保护

变压器纵差保护主要是用来反应变压器绕组、引出线及套管上的各种短路故障，是变压器的主保护。

5.1.5.1 变压器纵差保护的基本原理

变压器纵差保护通过比较被保护的变压器两侧电流的大小和相位来实现保护功能。为了实现这种比较，在变压器两侧各装设一组电流互感器 TA_1、TA_2，其二次侧按环流法连接，即若变压器两端的电流互感器一次侧的正极性端子均置于靠近母线的一侧，则将它们二次侧的同极性端子相连接，再将差动继电器的线圈按环流法接入，构成纵联差动保护。图 5-5 所示给出了双绕组和三绕组变压器纵差保护原理接线图。变压器的纵联差动保护和输电线路的差动保护相似，工作原理相同，但由于变压器的高压侧和低压侧的额定电流不同，为了保护变压器纵联差动保护的正常运行，必须选择好适应变压器两侧电流互感器的变比和接线方式，保证变压器在正常运行和外部短路时两个互感器的二次侧电流相等，其保护范围为两侧电流互感器 TA_1、TA_2 之间的全部区域，包括变压器的高、低压侧绕组、套管及引出线等。

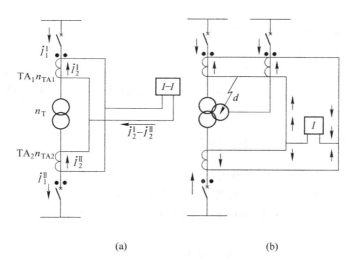

(a) (b)

图 5-5 变压器纵差保护原理接线图
（a）双绕组变压器正常运行时的电流分布；（b）三绕组变压器内部故障时的电流分布

从图 5-5 中可以看出，正常运行或外部故障时，差动继电器中的电流等于两侧电流互感器的二次电流之差，理想状态下，但实际上由于电流互感器特性、变比等因素，流入继电器的电流为不平衡电流 I_{unb}。变压器内部故障时，流入差从继电器的电流为 $I^{I}+I^{II}$，即为短路点的短路电流，当该电流大于继电器的动作电流时，差动继电器动作。

由于变压器的各侧额定电流和额定电压不同，因此，为了保证其纵联差动保护正确动作，必须适当选择各侧电流互感器的变比，使得正常运行和外部短路时，差动继电器中没有电流流入，应满足：

$$\dot{I}_2^{\text{I}} = \dot{I}_2^{\text{II}} = \frac{\dot{I}_1^{\text{I}}}{K_{\text{TA1}}} = \frac{\dot{I}_1^{\text{I}}}{K_{\text{TA2}}} \tag{5-4}$$

或

$$\frac{K_{\text{TA2}}}{K_{\text{TA1}}} = \frac{\dot{I}_1^{\text{II}}}{\dot{I}_1^{\text{I}}} = K_{\text{T}} \tag{5-5}$$

式中　　K_{TA1}——高压侧电流互感器的变比;

　　　　K_{TA2}——低压侧电流互感器的变比;

　　　　K_{T}——变压器的变比。

若上述条件满足,则当正常运行或外部故障时,流入差动继电器的电流为

$$\dot{I}_{\text{K}}^{\text{I}} = \dot{I}_1^{\text{I}} - \dot{I}_1^{\text{II}} = 0 \tag{5-6}$$

当变压器内部故障时,流入差动继电器的电流:

$$\dot{I}_{\text{K}}^{\text{I}} = \dot{I}_1^{\text{I}} - \dot{I}_1^{\text{II}} = 0 \tag{5-7}$$

为了保证动作的选择性,差动继电器的动作电流 I_{set} 应按躲开外部短路时出现的最大不平衡电流来整定:

$$I_{\text{sct}} = K_{\text{rel}} I_{\text{unb. max}} \tag{5-8}$$

式中　　K_{rel}——可靠系数,其值大于 1。

从式（5-8）可见,不平衡电流 I_{unb} 越大,继电器的动作电流也越大。I_{unb} 太大,就会降低内部短路时保护的灵敏度,因此,减小不平衡电流及其对保护的影响,就成为实现变压器纵差保护的主要问题。为此,应分析不平衡电流产生的原因,并讨论减少其对保护影响的措施。

5.1.5.2　变压器纵联差动保护的特点

变压器的纵联差动保护整定是躲开流过差动回路中的不平衡电流,否则就会引起保护的误动作,但这样做又会导致整定值增大而降低保护的灵敏度。解决这一问题的主要方法就是弄清变压器纵联保护的不平衡电流产生的原因并消除不平衡电流。不平衡电流产生的主要原因如下:

A　变压器励磁涌流的影响及防治措施

变压器的励磁电流仅流经变压器的电源侧,因此,通过电流互感器反映到差动回路中不能被平衡:在正常运行情况下此电流很小,一般不超过额定电流的 2%～10%;在外部故障时,由于电压降低,励磁电流减小,它的影响就更小。但是当变压器空载投入和外部故障切除后电压恢复时,则可能出现数值很大的励磁电流。这是因为在稳态工作情况下,铁心中的磁通滞后于外加电压90°,如图 5-6（a）所示。如果空载合闸时,在电压瞬时值 $u = 0$ 时接通电路,则铁心中的磁通瞬时值为反向峰值 $-\varphi_{\text{m}}$,由于铁心内的磁通不能突变,将产生一个非周期分量的磁通,其幅值为 $+\varphi_{\text{m}}$,则总磁通将为 $2\varphi_{\text{m}}$。如果铁心中还有剩余磁通 φ_{s},则总磁通将达到 $2\varphi_{\text{m}} + \varphi$,如图 5-6（b）、（c）所示。此时变压器的铁心严重饱和,励磁电流将急剧增大,此电流称为变压器的励磁涌流 I_{m},其数值最大值可达额定电流的 6~8 倍,同时含有大量的非周期分量和高次谐波分量,如图 5-6（d）所示。

励磁涌流的大小和衰减时间，与外加电压的相位、铁心中剩磁的大小和方向、电源容量的大小、回路的阻抗以及变压器容量的大小和铁心性质等都有关系。对单相变压器，当电压瞬时值为最大时合闸，就不会出现励磁涌流，而只有正常时的励磁电流；对三相变压器，任何时候合闸都至少有两相会出现程度不同的励磁涌流。

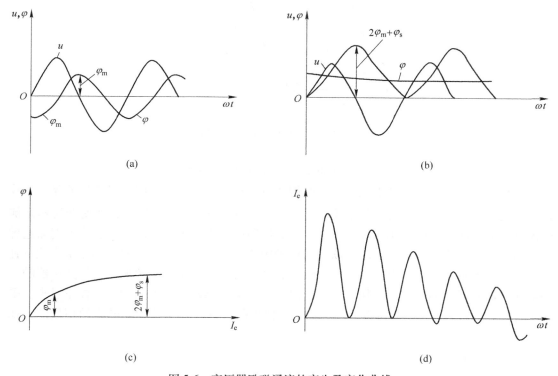

图 5-6　变压器励磁涌流的产生及变化曲线

（a）稳态情况下，磁通与电压的关系；（b）在 $u=0$ 瞬间空载合闸时，磁通与电压的关系；
（c）变压器铁心的磁化曲线；（d）励磁涌流的波形

如图 5-6（d）所示，变压器励磁涌流的波形具有以下几个明显的特点：

（1）含有很大成分的非周期分量，使曲线偏向时间轴的一侧；

（2）含有大量的高次谐波，其中二次谐波所占比重最大；

（3）涌流的波形削去负波之后将出现间断。

为了消除励磁涌流的影响，在纵联差动保护中通常采取的措施如下。

（1）接入速饱和变流器。为了消除励磁涌流非周期分量的影响，通常在差动回路中接入速饱和变流器 T_{at}，如图 5-7 所示。当励磁涌流进入差动回路时，其中很大的非周期分量使速饱和变流器 T_s 的铁心迅速严重饱和，励磁阻抗锐减，使得励磁涌流中几乎全部非周期分量及部分周期分量电流从速饱和变流器 T 的一次绕组通过，转变到二次回路（流入电流继电器 KA）的电流很小，故差动继电器不动作。

（2）采用差动电流速断保护。利用励磁涌流随时间衰减的特点，借保护固有的动作时间，躲开最大的励磁涌流，从而取保护的动作电流 $I_{OP} = (2.5 \sim 3)I_N$，即可躲过励磁涌流的影响。

（3）采用以二次谐波制动原理构成的纵联差动保护装置。

（4）采用鉴别波形间断角原理构成的差动保护。

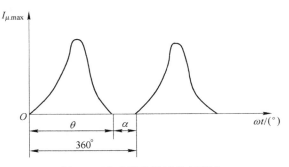

图 5-7　励磁涌流波形的间断角

B　变压器各侧电流相位不同引起的不平衡电流及补偿措施

三相变压器的接线组别不同时，其两侧的电流相位关系也就不同。以常用的 Y_{d11} 接线的电力变压器为例，它们两侧的电流之间就存在着 30° 的相位差。这时，即使变压器两侧电流互感器二次电流的大小相等，也会在差动回路中产生不平衡电流 I_{unb}。为了消除这种不平衡电流的影响，就必须消除纵联差动保护中两臂电流的相位差。通常都是采用相位补偿的方法，即将变压器星形接线一侧电流互感器的二次绕组接成三角形，而将变压器的三角形侧电流互感器的二次绕组接成星形，以便将电流互感器二次电流的相位校正过来。采用了这样的相位补偿后，Y_{d11} 接线变压器差动保护的接线方式及其有关电流的相量图，如图 5-8 所示。

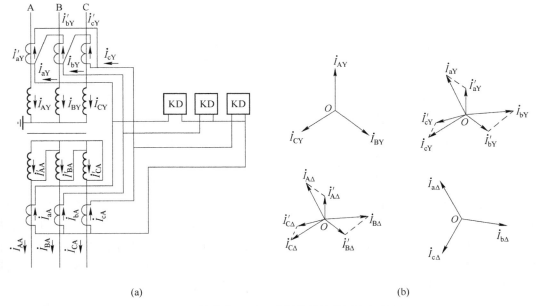

(a)　　　　　　　　　　　　　　　　　　　(b)

图 5-8　Y_{d11} 接线变压器差动保护的接线图和相量图

（a）相位补偿的接线图；（b）相位补偿的相量图

在图 5-8 中，$\dot{I}_{AY}$、$\dot{I}_{BY}$、$\dot{I}_{CY}$ 分别表示变压器星形侧的三个线电流，和他们对应的电流互感器二次电流为 $\dot{I}_{aY}$、$\dot{I}_{bY}$、$\dot{I}_{cY}$。由于电流互感器的二次绕组为三角形接法，所以加入差动臂的电流：

$$\dot{I}_{ar} = \dot{I}_{aY} - \dot{I}_{bY}$$

$$\dot{I}_{br} = \dot{I}_{bY} - \dot{I}_{cY} \tag{5-9}$$

$$\dot{I}_{cr} = \dot{I}_{cY} - \dot{I}_{bY} \tag{5-10}$$

他们分别超前于 $\dot{I}_{AY}$、$\dot{I}_{BY}$、$\dot{I}_{CY}$ 相角为 30°。在变压器的三角形侧，其三相电流分别为 $\dot{I}_{A\triangle}$、$\dot{I}_{B\triangle}$、$\dot{I}_{C\triangle}$，相位分别超前 $\dot{I}_{AY}$、$\dot{I}_{BY}$、$\dot{I}_{CY}$ 30°。因此该侧电流互感器输出电流 $\dot{I}_{a\triangle}$、$\dot{I}_{b\triangle}$、$\dot{I}_{c\triangle}$ 和 $\dot{I}_{A\triangle}$、$\dot{I}_{B\triangle}$、$\dot{I}_{C\triangle}$ 同相位。所以流进差动臂的三个电流就是二次侧电流 $\dot{I}_{a\triangle}$、$\dot{I}_{b\triangle}$、$\dot{I}_{c\triangle}$。$\dot{I}_{a\triangle}$、$\dot{I}_{b\triangle}$、$\dot{I}_{c\triangle}$ 分别与高压侧加入差动臂的电流同相，这就使 Yd_{11} 变压器两侧电流的相位差得到校正，从而有效地消除了因两侧电流相位不同而引起的不平衡电流。若仅从相位补偿角度出发，也可以将变压器三角形侧电流互感器二次侧绕组接成三角形。若采取这种相位补偿措施，若变压器高压侧采用中性点接地工作方式时，当差动回路外部发生单相接地短路故障时，变压器高压侧差动回路中将有零序电流，而变压器三角形无零序分量，使不平衡电流加大。因此，对于常规变压器差动保护是不允许采用变压器低压进行相位补偿的接线方式。采用了相位补偿接线后，在电流互感器接成三角形的一次侧，流入差动臂中的电流要比电流互感器的二次电流大 $\sqrt{3}$ 倍。在实际接线中，必须严格注意变压器与两侧电流互感器的极性要求，防止发生差动继电器的电流相互接错，极性接反现象。在变压器的纵差保护投入前要做接线检查，在运行后，如测量不平衡电流值过大不合理时，应在变压器带负载时，测量互感器一、二次侧电流相位关系，以判别接线是否正确。

C　电流互感器计算变比与实际变比不同的影响及平衡办法

变压器高、低压两侧电流的大小是不相等的。为要满足正常运行或外部短路时，流入继电器差回路的电流为零，则应使高、低压侧流入继电器的电流相等，则高、低压侧电流互感器变比的比值应等于变压器的变比。但实际上由于电流互感器在制造上的标准化，往往选出的是与计算变比相接近且较大的标准变比的电流互感器。这样，由于变比的标准化使得其实际变比与计算变比不一致，从而产生不平衡电流。为了减小不平衡电流对纵联差动保护的影响，一般采用自耦变流器或利用差动继电器的平衡线圈予以补偿，自耦变流器通常是接在二次电流较小的一侧，如图 5-9（a）所示，改变自耦变流器 TBL 的变比，使得在正常运行状态下接入差动回路的二次电流相等，从而补偿了不平衡电流。磁势平衡法接线如图 5-9（b）所示，通过选择两侧的平衡绕组 W_{b1}、W_{b2} 匝数，并使之满足关系式：

$$I_{I2}(W_d + W_{b1}) = I_{II2}(W_d + W_{b2}) \tag{5-11}$$

式中　W_d——差动绕组；

W_{b1}，W_{b2}——平衡绕组。

满足上式，则差动继电器铁心的磁化力为零，从而补偿了不平衡电流。实际上，差动继电器平衡线圈只有整数匝可供选择，因而其铁心的磁化力不会等于零，仍有不平衡电流，这可以在保护的整定计算中引入相对误差系数加以解决。

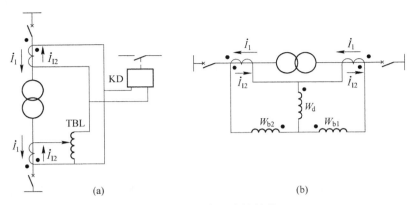

图 5-9　不平衡电流的补偿

（a）用自耦变流器；（b）用差动继电器中的平衡线圈

D　变压器各侧电流互感器型号不同

由于变压器两侧的额定电压不同，所以，其两侧电流互感器的型号也不会相同。它们的饱和特性和励磁电流（归算到同一侧）都是不相同的。因此，在变压器的差动保护中将引起较大的不平衡电流。在外部短路时，这种不平衡电流可能会很大。为了解决这个问题，一方面，应按 10%误差的要求选择两侧的电流互感器，以保证在外部短路的情况下，其二次电流的误差不超过 10%。另一方面，在确定差动保护的动作电流时，引入一个同型系数 K_{ss} 来消除互感器不同型的影响。当两侧电流互感器的型号相同时，取 $K_{ss} = 0.5$，当两侧电流互感器的型号不同时，则取 $K_{ss} = 1$。这样，当两侧电流互感器的型号不同时，实际上是采用较大的 K 值来提高纵联差动保护的动作电流，以躲开不平衡电流的影响。

E　变压器带负荷调节分接头产生的不平衡电流

变压器带负荷调节分接头是电力系统中电压调整的一种方法，改变分接头就是改变变压器的变比。当纵差保护投入运行后，在调压抽头改变时，一般不可能对纵差保护的电流回路重新操作，因此又会出现新的不平衡电流。由于变压器分接头的调整是根据系统运行的要求随时都可能进行的，所以在纵联差动保护中不可能采用改变平衡绕组匝数的方法来加以平衡，因此，在带负荷调压的变压器差动保护中，应在整定计算中加以考虑，即用提高保护动作电流的方法来躲过这种不平衡电流的影响。

5.1.5.3　带短路特性的差动保护

A　BCH-2 型差动继电器

BCH-2 型差动继电器由电磁型电流继电器、三柱铁心和几个线圈组成，如图 5-10 所示。两边柱截面积较小，是中间柱截面的一半，易于饱和。在中间柱绕有四个线圈：差动线圈（匝数为 W_{cd}）、两个平衡线圈（匝数为 W_{ph1}、W_{ph2}）和一个短路线圈（匝数为 W_d'），左边柱上绕有一个短路线圈（匝数为 W_d''），右边柱上绕有一个二次工作线圈（匝数为 W_2）。在二次工作线圈输出端接个电磁型电流继电器。差动线圈接于变压器差动保护的差回路，当安匝磁动势达到一定值时，二次线圈感应的某一电动势值使电流继电器起动。

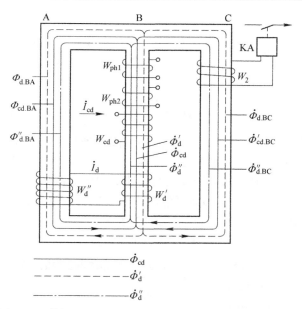

图 5-10　带加强型速饱和变流器的差动继电器原理结构图

平衡线圈的作用是消除变压器两侧电流互感器的计算变比与实际变比不一致所产生的不平衡安匝磁动势。两个平衡线圈与差动线圈绕向一致。平衡线圈每安匝对二次工作绕组的作用与差动线圈每安匝对二次工作绕组的作用相同。

短路线圈的作用是提高差动继电器躲过励磁涌流的能力，两个线圈对二次工作线圈的作用相当于两级速饱和变流器。由于在中间铁心柱上的短路线圈存在，差动线圈安匝磁动势在中间柱上产生的磁通被短路线圈中的电流产生的磁通所抵消。而短路线圈中的电流产生的磁通在二次线圈中感应电动势，当其值达到一定值时，继电器动作。当差动线圈有直流分量时，直流安匝产生的磁通使铁心饱和，使差动回路中的交流电流无法变换到二次工作线圈，故有抑制励磁涌流的能力。

为了深入分析短路线圈的作用，暂时不考虑平衡线圈级铁损耗等因素的影响，当差动线圈通以正弦交流电时，差动线圈的安匝磁动势产生的磁通在二次工作线圈、两个短路线圈中感应电动势。设中间柱的合成磁动势在右边柱 C 中产生的磁通为 $\varPhi_{BC}$，右边柱合成此时在右边柱 C 中产生磁通 $\varPhi_{AC}$，则穿过右边柱 C 合成磁动势 $\varPhi_C = \varPhi_{BC} + \varPhi_{AC}$。设 R_A、R_B、R_C 分别代表两边柱及中间柱的磁阻，且 $R_A = R_C = 2R_B$，则：

$$\varPhi_{AC} = \frac{I_d W_d''}{R_A + R_B//R_C} \times \frac{R_B}{R_B + R_C} = \frac{I_d W_d'' R_B}{R_A R_B + R_B R_C + R_C R_A} \tag{5-12}$$

$$\varPhi_{AC} = \frac{I_{cd} W_{od} - I_d W_d'}{R_B + R_A//R_C} \times \frac{R_A}{R_A + R_C} = \frac{(I_{cd} W_{cd} - I_d W_d') R_A}{R_A R_B + R_B R_C + R_C R_A} \tag{5-13}$$

由于 $R_A = R_C = 2R_B$，则：

$$(R_A R_B + R_B R_C + R_C R_A)/R_A = 4R_B \tag{5-14}$$

故：

$$\varPhi_C = \frac{I_{cd} W_{ad} - I_d W_d'}{4R_B} - \frac{I_d W_d''}{2 \times 4R_B} \tag{5-15}$$

当 $W''_d = 2W'_d$ 时

$$\Phi_C = \frac{I_{cd}W_{od} - I_dW'_d}{4R_B} - \frac{I_d \times 2W'_d}{2 \times 4R_B} = \frac{I_{cd}W_{od}}{4R_B} \tag{5-16}$$

由以上分析可知。

（1）当短路线圈开路时，$I_d = 0$，$\Phi_C = \dfrac{I_{cd}W_{cd}}{4R_B}$，与一级速饱和变流器情况相同。

（2）接入短路线圈（$2W''_d = W'_d$），在差动线圈中通以工频正弦交流电，两个短路线圈中的感应电流对边柱 C 产生的磁通大小相等、方向相反、相互抵消。继电器的动作安匝不变，一般为 60 安匝，但它相当于接入两级速饱和变流器。

（3）当 $W''_d/2W'_d$ 变小时，短路线圈 W'_d 对边柱 C 的去磁增大，加大了继电器的动作安匝。继电器的动作安匝与两短路线圈匝数比的关系见表 5-1，则

$$(AW)_{OP} = f(W''_d/W'_d) \tag{5-17}$$

表 5-1　继电器的动作安匝与两短路线圈匝数的关系

整定板的插头位置	A1-A2；B1-B2；C1-C2；D1-D2	B2-C1	A2-B1	B2-D1
$W''_d/2W'_d$	2	$16/16 = 1$	$6/8 = 0.75$	$16/28 = 0.57$
继电器的动作安匝	60	80	100	120

BCH-2 型差动继电器短路线圈的插头如图 5-11 所示。

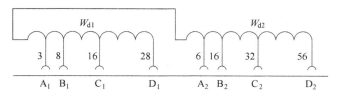

图 5-11　BCH-2 型差动继电器短路线圈的插头位置图

（4）短路线圈的作用。空载投入变压器时，差动电流 I_{cd} 中含有大量非周期分量，使铁心迅速饱和，铁心柱的磁阻 R_A、R_B、R_C 增大，继电器的动作安匝增大，故有较好的躲励磁涌流和外部短路时产生的不平衡电流能力。当短路线圈的匝数增多而比值不变时，两个短路线圈产生的磁通增大，使 B 柱的综合磁通减小，即减小了 B 柱磁通进入 C 柱的份额，增大了 A 柱磁通进入 C 柱的份额，有利于躲励磁涌流。由于短路匝数 W'_d 及 W''_d 多、电感量大，非周期分量的衰减时间常数加大，在内部短路时，加长了差动保护的动作时间。如图 5-11 所示，多的短路线圈匝数（如 D_1-D_2）适用于小容量变压器。变压器容量小，其励磁涌流及短路电流倍数高，要求差动保护有较强的躲励磁涌流的能力，保护动作允许稍有延时。而少的短路线圈匝数（如 A_1-A_2）适用于大容量变压器。变压器容量大，其励磁涌流及短路电流倍数低，且要求尽快切除故障。

BCH-2 型差动继电器的内部接线如图 5-12 所示。

B　利用 BCH-2 型差动继电器构成的变压器差动保护的整定计算

（1）基本侧的确定。在变压器的各侧中，二次额定电流最大一侧成为基本侧。各侧二次额定电流的计算方法如下。

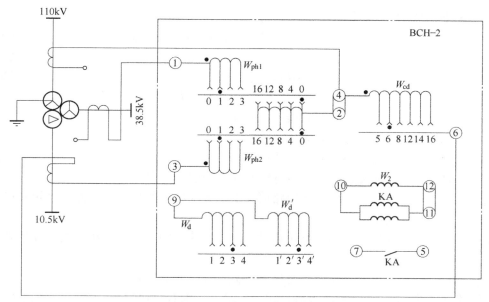

图 5-12　BCH-2 型差动继电器内部接线图

1）按额定电压及变压器的最大容量计算各侧一次额定电流：

$$I_N = S_{TN} / \sqrt{3}\, U_N \tag{5-18}$$

式中　　S_{TN}——变压器最大额定容量；

　　　　U_N——变压器额定电压。

2）选择电流互感变比：

$$k_{TA.cal} = K_{con} I_N / 5 \tag{5-19}$$

式中　　K_{con}——电流互感器接线系数，星形接线时 $K_{con} = 1$；三角形接线时 $K_{con} = \sqrt{3}$。

根据式（5-19）求出的电流互感器计算变比，选择标准变比 $K_{TA} \geqslant K_{TA.cal}$。

3）按下式计算各侧电流互感器的二次额定电流：

$$I_{2N} = K_{con} I_N / K_{TA} \tag{5-20}$$

式中　　K_{TA}——电流互感器的变比。

取二次额定电流最大一侧的电流为基本侧。

（2）保护装置动作电流的确定。保护装置的动作电流计算值可按下面三个条件决定。

1）躲过变压器的励磁涌流：

$$I_{OP.cal} = K_{rel} I_N \tag{5-21}$$

式中　　K_{rel}——可靠系数，取 1.3；

　　　　I_N——基本侧的变压器的额定电流。

2）躲开电流互感器二次回路断线时变压器的最大负荷电流：

$$I_{OP.cal} = K_{rel} I_{L.max} \tag{5-22}$$

式中　　K_{rel}——可靠系数，取 1.3。

　　　　$I_{L.max}$——变压器基本侧的最大负荷电流，当无法确定时，可用基本侧变压器的额定
　　　　　　　　电流。

3）躲开外部短路时的最大不平衡电流：

$$I_{OP.cal} = K_{rel}I_{unb.max} = K_{rel}(I_{unb.1} + I_{unb.2} + I_{unb.3}) \tag{5-23}$$

$$I_{unb.1} = K_{unp}K_{ss}f_{er}I_{k.m.max} \tag{5-24}$$

$$I_{unb.2} = \Delta U_h I_{k.h.max} + \Delta U_m I_{k.m.max} \tag{5-25}$$

$$I_{unb.3} = \Delta f_{er.1}I_{k.1.max} + \Delta f_{er.2}I_{k.2.max} \tag{5-26}$$

式中　　　　f_{er}——电力互感器相对误差，取 0.1；

K_{unp}——非周期分量系数；

K_{ss}——电流互感器同型系数；

ΔU_h，ΔU_m——变压器高、中压侧分级头改变而引起的误差；

$I_{k.h.max}$，$I_{k.m.max}$——在所计算的外部短路情况下，流经相应的高、中压侧最大短路电流的周期分量；

$I_{k.1.max}$，$I_{k.2.max}$——在所计算的外部短路时，流经所计算的 I 、II 侧相应电流互感器的短路电流；

$\Delta f_{er.1}$，$\Delta f_{er.2}$——继电器整定匝数与计算匝数不等引起的相对误差。

当三绕组变压器仅有一侧电源时，式（5-23）中的各种电路电流为同一数值 $I_{k.max}$。若外部短路电流不流过某一侧时，则式中相应项为零。

当为双绕组变压器时，式（5-23）改为：

$$I_{OP.cal} = K_{rel}I_{unb.max} = 1.3(K_{ss}f_{er} + \Delta U + \Delta f_{er})I_{k.max} \tag{5-27}$$

式中　$I_{k.max}$——外部短路时流过基本侧的最大短路电流；

Δf_{er}——继电器整定匝数与计算匝数不等而产生的相对误差，求动作电流时先用 0.05 进行计算。

取上述三条件最大值作为保护动作电流计算值。

（3）确定基本侧工作线圈的匝数：

$$W_{w.cal} = AW_0/I_{OP.r.cal} \tag{5-28}$$

其中继电器动作电流计算值：

$$I_{OP.r.cal} = K_{con}I_{OP.cal}/K_{TA} \tag{5-29}$$

式中　$W_{w.cal}$——基本工作线圈计算匝数；

AW_0——继电器动作匝数；

$I_{OP.r.cal}$——继电器动作电流计算值；

K_{TA}——基本侧电流互感器变比。

继电器实际抽头，选用工作线圈的整定匝数 $W_{w.set} \leqslant W_{w.cal}$。

根据选用的基本侧工作线圈匝数，算出继电器的实际动作电流 $I_{OP.r}$ 和保护的一次动作电流 I_{OP}：

$$I_{OP.r} = AW_0/W_{w.set} \tag{5-30}$$

$$I_{OP} = I_{OP.r}K_{NT}/K_{con} \tag{5-31}$$

工作线圈匝数等于差动线圈和平衡线圈之和：

$$W_{w.set} = W_{d.set} + W_{b.set} \tag{5-32}$$

式中　$W_{w.set}$——基本侧工作线圈整定匝数；

$W_{d.set}$——差动线圈整定匝数；

$W_{\text{b.set}}$ ——平衡线圈整定匝数。

（4）确定非基本侧平衡线圈匝数。

1）对于三绕组变压器，给基本侧的平衡线圈匝数：

$$W_{\text{nb.cal}} = (I_{\text{N2.b}} - I_{\text{N2.nb}})W_{\text{d.set}}/I_{\text{N2.nb}} \tag{5-33}$$

2）对于双绕组变压器，非基本侧的平衡线圈匝数：

$$W_{\text{nb.cal}} = I_{\text{2b}}W_{\text{w.set}}/I_{\text{2nb}} - W_{\text{d.set}} \tag{5-34}$$

非基本侧的平衡线圈按四舍五入进行。

式中　　$W_{\text{nb.cal}}$ ——非基本侧平衡线圈计算匝数；

I_{2b}，I_{2nb} ——基本侧、非基本侧流入继电器的实际电流；

$I_{\text{N2.b}}$，$I_{\text{N2.nb}}$ ——基本侧、非基本侧流入继电器的额定电流；

$W_{\text{d.set}}$ ——差动线圈整定匝数。

（5）确定相对误差：

$$\Delta f_{\text{er}} = (W_{\text{nb.cal}} - W_{\text{nb.set}})/(W_{\text{nb.cal}} + W_{\text{d.set}}) \tag{5-35}$$

若 $\Delta f_{\text{er}} \leqslant 0.05$，则以上计算有效（按绝对值进行比较）；若 $\Delta f_{\text{er}} > 0.05$，则应根据实际代入式（5-24）重新计算动作电流。

（6）灵敏度校验：

$$K_{\text{sen}} = K_{\text{con}}I_{k\Sigma\text{min}}/I_{\text{OP.b}} \geqslant 2 \tag{5-36}$$

式中　　$I_{k\Sigma\text{min}}$ ——变压器内部故障时，归算至基本侧总的最小短路电流；若为单电源变压器，应为归算至电源侧的最小短路电流；

K_{con} ——接线系数；

$I_{\text{OP.b}}$ ——基本侧保护一次动作电流，若为单侧电源变压器，应为电源侧保护一次动作电流。

在上述计算中若不满足选择性要求，则可改用其他特性的差动继电器。

5.1.5.4　带制动特性的差动保护

A　BCH-1 型差动继电器

BCH-1 型差动继电器的原理结构如图 5-13（a）所示。它由三柱式铁心、几个线圈及一个电磁型电流继电器组成。两边柱铁心截面为中间柱铁心截面的 1/2，边柱易于饱和。中间柱上绕有差动线圈（匝数 W_{cd}），两个平衡线圈（匝数 W_{ph1}、W_{ph2}），在两个边柱上分别绕有制动线圈（匝数为 W_{zh}）及工作线圈（匝数 W_2）。两个制动线圈相互串联后与外电路相接，两个工作线圈相互串联接入电流继电器。

差动线圈通以电流产生磁通 Φ_{cd}，其方向如图 5-13 所示。两个二次工作绕组上感应的电动势相串联，能使电流互感器动作。由于两边柱铁心截面小，易于饱和，它的作用相当于一级速饱和变流器。当制动线圈中没有电流或电流很小时，差动继电器的动作安匝为 60 安匝。制动线圈通以电流产生的磁通 Φ_{rer} 在两边柱形成环路，在两个二次工作绕组上感应的电动势反向串联，合成电动势为零，不会使电流继电器动作。它的作用是使两个边柱的铁心饱和，加大继电器的动作安匝。继电器的动作安匝与制动安匝的关系如图 5-13（b）所示，这个曲线称为 BCH-1 型差动继电器的安匝制动曲线。当制动安匝磁动势较小时，两边柱铁心没有饱和，继电器的动作安匝不变，仍为 60 安匝。当制动安匝加大，铁心开

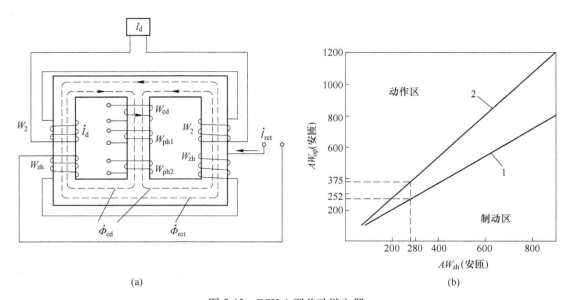

图 5-13　BCH-1 型差动继电器

（a）BCH-1 型差动继电器的原理结构图；（b）BCH-1 型的安匝制动特性曲线

1—最小安匝制动曲线；2—最大安匝制动曲线

始饱和，动作安匝开始加大。随着制动安匝磁动势的加大，铁心饱和程度变大，继电器动作安匝加大，如图 5-13（b）曲线 1 或 2 所示。当制动线圈通 50Hz 正交流电流时，制动安匝的制动能力与制动电流 I_e 和差动电流 i 的相位有关，当相位差为 0°时，制动能力最弱，制动特性如图 5-13（b）曲线 1 所示，称为最小安匝制动曲线。当相位差为 0°时，制动能力最强，它的制动特性如图 5-13（b）曲线 2 所示，称为最大安匝制动曲线。当相位差在 0°~90°之间时，它的制动能力介于两曲线之间，这是因为制动电流不是直流，而是交流，铁心的饱和程度决定于铁心中交流磁通的相量和，即瞬时值之和。

　　带有制动线圈的变压器差动保护接线原理如图 5-14 所示。以变压器的电源侧为基本侧，负荷侧为非基本侧。非基本侧接有平衡线圈，制动线圈接在负荷侧。当保护范围外部故障时，在制动线圈中流有短路电流，使铁心饱和，增大了继电器的动作安匝。当制动线圈匝数足够多时，使外部故障时最大不平衡安匝小于相应的动作安匝，外部故障时继电器不动。内部故障时，若 B 侧无电源，制动线圈中没有短路电流，不起制动作用，继电器的动作安匝仍为 60 安匝。因此，继电器的动作电流不再按躲开外部短路时的最大不平衡电流这一条件进行整定。

　　制动线圈的安装位置如下：

　　（1）对单侧电源的双绕组变压器，制动线圈应接于负荷侧，外部故障有制动作用，内部故障没有制动作用；

　　（2）对于单侧电源的三绕组变压器，制动线圈应接于流过变压器最大穿越性短路电流的负荷侧；

　　（3）对于双侧电源的三绕组变压器，制动线圈一般接于无电源侧；

　　（4）对于双侧电源的双绕组变压器，制动线圈应接于大电源侧。当仅有小电源供电

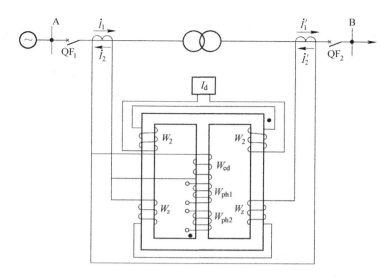

图 5-14　带有制动线圈的变压器差动保护原理接线图

时，能保证保护装置的灵敏度。

B　BCH-1 型差动保护的整定计算

（1）确定变压器的基本侧。

（2）计算差动保护的动作电流。

1）按躲开变压器空载投入时的励磁涌流整定：

$$I_{OP.b} = K_{rel}I_{N.T} \tag{5-37}$$

式中　　K_{rel}——可靠系数，取 1.5。

2）按躲开电流互感器二次断线产生的不平衡电流（240MV·A 及以上容量变压器除外）整定：

$$I_{OP} = K_{rel}I_{L.max} \tag{5-38}$$

式中　　K_{rel}——可靠系数，取 1.3；

$I_{L.max}$——变压器最大负荷电流，在变压器最大负荷电流不能确定的情况下，用变压器额定电流 $I_{N.T}$。

3）按躲开未装制动线圈侧外部短路时的不平衡电流整定：

$$I_{OP.b} = K_{rel}I_{unb} \tag{5-39}$$

式中　　K_{rel}——可靠系数，取 1.3。

取以上三条件计算结果中的最大值作为变压器差动保护一次动作电流。

（3）计算差动线圈匝数。与用 BCH-2 型继电器时相同。

（4）计算平衡线圈匝数。与用 BCH-2 型继电器时相同。

（5）校验平衡线圈整定误差。与用 BCH-2 型继电器时相同。

（6）计算制动线圈匝数 W_{zh}。

已知制动线圈的安装位置，厂家给出的 BCH-1 型差动继电器安匝制动线圈（一般最小安匝制动曲线 1 的斜率 $\tan\theta_1 = 0.9$，最大安匝制动曲线 2 的斜率约为 $\tan\theta_2 = 1.4$）及差动线圈的整定匝数。

外部短路差回路通以最大不平衡安匝数时，以保证继电器不动来确定制动线圈的匝数：

$$K_{rel} = I_{unb. max} K_{con} W_{cd. set} / K_{TA} = I_{d. max} K_{con} W_{zh. c} \tan\theta_1 / K_{TA} \tag{5-40}$$

$$K_{rel} I_{unb. max} W_{cd. set} = I_{d. max} W_{zh. c} \tan\theta_1 \tag{5-41}$$

$$I_{unb. max} = (K_{err} + \Delta U + \Delta f_{ph}) \tag{5-42}$$

$$W_{zh. c} = K_{rel}(K_{TA} + \Delta U + \Delta f_{ph}) W_{cd. c} / \tan\theta_1 \tag{5-43}$$

式中　　K_{rel}——可靠系数，取 1.3；

　　$\tan\theta_1$——最小安匝制动曲线的斜率，取 0.9；

　　$I_{unb. max}$——最大不平衡电流；

　　K_{err}——电流互感器 10% 误差；

　　ΔU——变压器调分接头引起的误差；

　　Δf_{ph}——平衡线圈的调整误差；

　　$W_{zh. c}$——制动线圈的计算值。

对于双绕组变压器，制动线圈计算匝数：

$$W_{zh. c} = 1.3(0.9 + 0.05 + 0.05) W_{cd. set} / 0.9 \approx 0.29 W_{cd. set} \tag{5-44}$$

制动线圈要保证外部短路时可靠制动，其实际匝数应向上调整。

（7）灵敏度校验。首先求出保护范围内校验点短路时流过制动线圈的电流及制动安匝。依据 BCH-1 型差动继电器最大安匝制动曲线 2 求出继电器的动作安匝，其值可近似为：

$$(AW)_{OP} = \tan\theta_2 / (AW)_{zh} \tag{5-45}$$

式中　　$\tan\theta_2$——最大安匝制动曲线 2 的斜率，可取 1.4。

当计算出的动作安匝小于 60 安匝时，取 60 安匝。差动保护的灵敏度：

$$K_{sen} = I_{d. r. min} W_{cd. set} / (AW)_{OP} \geqslant 2 \tag{5-46}$$

5.1.6　电力变压器的后备保护

反映相间短路电流增大而动作的过电流保护作为变压器的后备保护，为满足灵敏度要求，可装设过电流保护、低电压启动的过电流保护、复合电压的过电流保护、负序过电流保护，甚至阻抗保护。

5.1.6.1　变压器相间短路的过电流保护

过电流保护应用于降压变压器，其单相原理图如图 5-15 所示。过电流保护采用三相式接线，且保护应装设在电源侧。保护的动作电流 I_{OP} 应按躲过变压器可能出现的最大负荷电流 I_{Lmax} 来整定，即

$$I_{OP} = K_{rel} I_{L. max} / K_{re} \tag{5-47}$$

式中　　K_{rel}——可靠系数，取 1.2~1.3；

　　K_{re}——返回系数。

在确定 $I_{L. max}$ 时，应考虑下述两种情况。

（1）对并列运行的变压器，应考虑切除一台变压器以后所产生的过负荷。若各变压器容量相等，可按下式计算：

$$I_{L.max} = mI_N/(m-1) \tag{5-48}$$

式中　m——并列运行变压器的台数；

　　　I_N——变压器的额定电流。

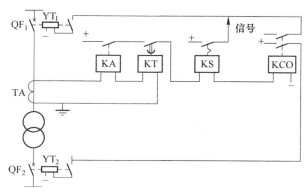

图 5-15　变压器过电流保护单相原理接线图

（2）对降压变压器，应考虑负荷中电动机自启动时的最大电流：

$$I_{L.max} = K_{ss}I'_{L.max} \tag{5-49}$$

式中　K_{ss}——自起动系数，其值与负荷性质及用户与电源间的电气距离有关，对 110kV
　　　　　降压变压器，6~10kV 侧 $K_{ss} = 1.5 \sim 2.5$，35kV 侧 $K_{ss} = 1.5 \sim 2.0$；

　　　$I'_{L.max}$——正常运行时最大负荷电流。

保护的动作时限应与下级保护时限配合，即比下级保护中最大动作时限大一个接替时
限 Δt。

保护的灵敏度：

$$K_{sen} = I_{k.min}/I_{OP} \tag{5-50}$$

式中　$I_{k.min}$——最小运行方式下，在灵敏度校验点发生两相短路时，流过保护装置的最
　　　　　小短路电流。最小短路电流应根据变压器连接组别、保护的接线方式
　　　　　确定。

在被保护变压器受电侧母线上短路时，要求 $K_{sen} = 1.5 \sim 2.0$；在后备保护范围末端
短路时，要求 $K_{sen} = 1.2$。若灵敏度不满足要求，则选用灵敏度高的其他后备保护。

5.1.6.2　复合电压起动的过电流保护

A　原理接线图

复合电压起动的过电流保护原理接线如图 5-16 所示。负序电压继电器 KVN 和低电压
继电器 KV 组成复合电压元件。发生不对称短路时，负序电压滤过器 KUG 有输出，继电
器 KVN 动作，其常闭触点打开，KV 失电，其常闭触点闭合，起动中间继电器 KM，其触
点闭合。电流继电器 KA 的常开触点因短路而闭合，则时间继电器 KT 的线圈回路接通。
经 KT 的整定延时后，KT 的触点延时闭合，起动出口中间继电器 KCO，动作于断开变压
器两侧断路器。当发生三相短路时，低电压继电器动作，其常闭触点闭合，与电流继电器
一起，按低电压起动过电流保护的动作方式，作用于跳闸。

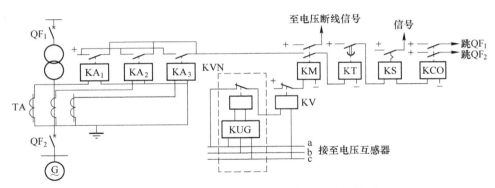

图 5-16　复合电压起动的过电流保护原理接线图

B　动作电流的整定值的确定

（1）电流元件的动作电流为：

$$I_{OP} = K_{rel}I_N/K_{re} \qquad (5-51)$$

式中　　I_N ——变压器额定电流。

（2）低电压元件动作电压：

$$U_{OP} = 0.7U_N \qquad (5-52)$$

式中　　U_N ——变压器额定电压。

低压元件灵敏度计算式：

$$K_{sen} = U_{OP}K_{re}/U_{k.max} > 1.2 \qquad (5-53)$$

式中　　$U_{k.max}$ ——相邻元件末端三相金属性短路故障时，保护安装处的最大线电压；

　　　　K_{re} ——低压元件的返回系数。

（3）负序电压元件动作电压：

$$U_{2OP} = (0.06 \sim 0.12)U_N \qquad (5-54)$$

负序电压元件灵敏度：

$K_{sen} = U_{k2.min}/U_{2OP} > 1.2$ 短路故障时，保护安装处最小负序电压。

5.1.6.3　变压器的过负荷保护

变压器的过负荷保护反映变压器对称过负荷引起的过电流。变压器过负荷电流三相对称，过负荷保护装置只采用一个电流继电器接于一相电流回路，经过较长的延时发出信号。

（1）对于双绕组升压变压器，装于发电机电压侧。

（2）对一侧无电源的三绕组升压变压器，装于发电机电压侧和无电源侧。

（3）对三侧有电源的三绕组升压变压器，三侧均应装设。

（4）对于双绕组降压变压器，装于高压侧。

（5）仅一侧电源的三绕组降压变压器，若三侧的容量相等，只装于电源侧；若三侧的容量不等，则装于电源侧及容量较小侧。

（6）对两侧有电源的三绕组降压变压器，三侧均应装设。

变压器过负荷保护的原理接线如图 5-17 所示。

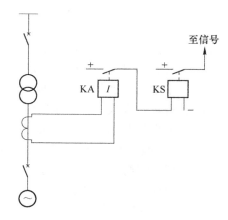

图 5-17　变压器过负荷保护的原理接线图

过负荷保护的动作电流按躲过变压器的额定电流进行整定：

$$I_{OP} = K_{rel}I_{N.T}/K_{re} \tag{5-55}$$

式中　　K_{rel}——可靠系数，取 1.05；

　　　　K_{re}——继电器的返回系数，取 0.85；

　　　　$I_{N.T}$——保护安装侧变压器的额定电流。

过负荷保护的延时应比变压器过电流保护时限长一个时限阶梯。

5.1.6.4　负序电流保护

对于大型发电机-变压器组，额定电流大，电流元件往往不满足远后备灵敏度的要求，可采用负序电流保护。它由反映对称短路的低电压起动的过电流保护和反应不对称短路的负序电流保护组成。

负序电力继电器的一次动作电流按以下条件选择：

（1）躲开变压器正常运行时，负序电流滤过器出口的最大不平衡电流，整定：

$$I_{OP} = (0.1 \sim 0.2)I_{N.T} \tag{5-56}$$

（2）躲开线路一相短线时引起的负序电流。

（3）与相邻元件负序电流保护在灵敏度上相配合。

灵敏度校验式：

$$K_{sen} = I_{d2.min}/I_{2.OP} \geqslant 2 \tag{5-57}$$

式中　　$I_{d2.min}$——在远后备校验点发生不对称短路时，流过保护的最小负序电流。

负序电流灵敏度较高，且在 Yd 接线的变压器另一侧发生不对称短路故障时，灵敏度不受影响，接线也较简单，但整定计算较复杂，通常适应在 31.5MV·A 及以上的升压变压器。

5.1.7　电力变压器的接地保护

电力系统中，接地故障是最常见的故障形式。对于中性点直接接地系统的变压器，一般要求在变压器上装设接地保护作为变压器主保护和相邻元件接地保护的后备保护。发生接地故障时，变压器中性点将出现零序电流，母线将出现零序电压，变压器的接地后备保护通常都是由反应这些电气量构成的。

大接地电流系统发生单相或两相接地短路时，零序电流的分布和大小与系统中变压器中性点接地的数目和位置有关。通常，对只有一台变压器的升压变电所，变压器都采用中性点直接接地的运行方式。对有若干台变压器并联运行的变电所，则采用一部分变压器中性点接地运行的方式，以保证在各种运行方式下，变压器中性点接地的数目和位置尽量维持不变，从而保证零序保护有稳定的保护范围和足够的灵敏度。

110kV 以上变压器中性点是否接地运行，还与变压器中性点绝缘水平有关。对于220kV 及以上的大型电力变压器，高压绕组一般都采用分级绝缘，其中性点绝缘有两种类型：一种是绝缘水平很低，例如 500kV 系统的中性点绝缘水平为 38kV，这种变压器中性点必须直接接地运行，不允许将中性点接地回路断开；另一种则绝缘水平较高，例如220kV 变压器的中性点绝缘水平为 110kV，其中性点可直接接地，也可在系统中不失去接地点的情况下不接地运行。当系统发生单相接地短路时，不接地运行的变压器，应能够承受加到中性点与地之间的电压。因此，采用这种变压器，可以安排一部分变压器接地运行，另一部分变压器不接地运行，从而可把电力系统中接地故障的短路容量和零序电流水平限制在合理的范围内，同时也是为了接地保护本身的需要。故变压器零序保护的方式就与变压器中性点的绝缘水平和接地方式有关，应分别予以考虑。

5.1.7.1　中性点直接接地变压器的零序电流保护

中性点直接接地变压器的零序电流保护用于接在电流互感器的中性点引出线上，图 5-18 是中性点直接接地电网零序电流保护原理图。其额定电压可选择低一级，其变比根据接地短路及电流的热稳定和动稳定条件来选择。

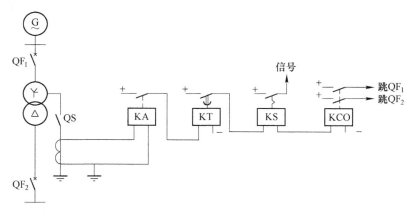

图 5-18　中性点直接接地变压器零序电流保护原理接线图

A　动作电流

保护的动作电流按与备保护侧母线引出线零序电流后被保护段在灵敏度上相配合的条件来整定，即

$$I_{\mathrm{OP.0}} = K_{\mathrm{c}}K_{\mathrm{b}}I_{\mathrm{OP.L}} \tag{5-58}$$

式中　$I_{\text{OP.0}}$——变压器零序电流保护的动作电流；

　　　K_{c}——配合系数，取 1.1~1.2；

　　　K_{b}——零序电流分支系数；

　　$I_{\text{OP.L}}$——引出线零序电流保护第Ⅲ段的动作电流。

　B　灵敏度校验

$$K_{\text{sen}} = 3I_{\text{d.0}}/I_{\text{OP.0}} \geqslant 1.2 \tag{5-59}$$

式中　$I_{\text{d.0}}$——下一段出线末端接地故障时流过变压器零序保护的最小零序电流。

　C　动作时限

$$t_{0\text{n}} = t_{0\text{n}-1} + \Delta t \tag{5-60}$$

式中　$t_{0\text{n}-1}$——出现零序保护第Ⅲ段的动作时限。

5.1.7.2　中性点不接地变压器的零序电流保护

变压器可装设零序电流保护，而不接地运行的变压器不能投入零序电流保护。当发生接地故障时，变压器接地保护不能辨认接地故障发生在哪台变压器上，若接地故障发生在不接地的变压器。接地保护动作，切除接地的变压器后，接地故障未消除，且变成中性点不接地系统，在接地点会产生较大的电弧电流，使系统过电压；同时系统零序电压加大，不接地的变压器中性点电压升高，特别是对分级绝缘的变压器，其中性点绝缘水平比较低，其零序过电压可能使变压器中性点绝缘损坏。为此，变压器的零序保护动作时，首先应切除非接地的变压器，若故障依然存在，经过时限阶段 Δt 后，再切除接地变压器。其原理接线如图 5-19 所示。每台变压器都装有同样的零序电流保护，它由电流元件和电压元件两部分组成。正常时零序电流及零序电压很小，零序电流继电器及零序电压继电器皆不动作，不会发出跳闸脉冲。发生接地故障时，出现零序电流及零序电压，当它们大于起动值后，零序电流继电器及零序电压继电器皆动作。电流继电器起动后，常开触点闭合，起动时间继电器 KT_1。时间继电器的瞬动触点闭合，给小母线 A 接通正电源，将正电源送至中性点不接地变压器的零序电流保护。不接地的变压器零序电流保护的零序电流继电器不会动作，常闭触点闭合。小母线 A 的正电源经零序电压继电器的常开触点、零序电流继电器的常闭触点启动，有较短延时的时间继电器 KT_2 经较短时限首先切除中性点不接

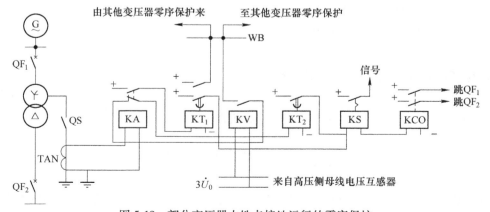

图 5-19　部分变压器中性点接地运行的零序保护

地的变压器。若接地故障消失，零序电流消失，则接地变压器的零序电流保护的零序电流继电器返回，保护复归。若接地故障没有消失，接地点在接地变压器处，零序电流继电器不返回，时间继电器 KT_1 一直在起动状态，经过较长的延时 KT_1 跳开中性点接地的变压器。

零序电流保护的整定计算。

A　动作电流整定

（1）与被保护侧母线引出线零序电流第Ⅲ段保护在灵敏度上相配合，所以：

$$I_{OP.0} = K_{rel}K_bI_{OP.0} \tag{5-61}$$

（2）与中性点不接地变压器零序电压元件在灵敏度上相配合，以保证零序电压元件的灵敏度高于零序电流元件的灵敏度。

设零序电压元件的动作电压 $U_{OP.0}$，则

$$U_{OP.0} = 3I_0X_{T.0} \tag{5-62}$$

式中　I_0——流过被保护变压器的零序电流；

　　　$X_{T.0}$——被保护变压器的零序电流。

零序电流元件的动作电流：

$$I_{OP.0} = K_{co}U_{OP.0}/X_{T.0} \tag{5-63}$$

式中　K_{co}——配合系数，取 1.1。

以上两条件计算结果中选取较大值为动作电流。

B　动作电压整定

按躲开正常运行时的最大不平衡零序电压进行整定。根据经验可知，零序电压继电器的动作电压一般为 5V，当电压互感器的变比为 K_{TV} 时，电压继电器的一次动作电压：

$$U_{OP.0} = 5K_{TV} \tag{5-64}$$

变压器零序电流保护作为后备保护，其动作时限应比线路零序电流保护第Ⅲ段动作时限长了一个时限阶段，即：

$$t_{0.1} = t_0 + \Delta t \tag{5-65}$$

$$t_{0.2} = t_{0.1} + \Delta t \tag{5-66}$$

式中　t_0——线路零序保护第Ⅲ段的动作时限；

　　　$t_{0.1}$——长延时 t_1 的动作时限；

　　　$t_{0.2}$——短延时 t_2 的动作时限。

C　灵敏度校验

按保证远后备灵敏度满足要求进行校验，即：

$$K_{sen} = 3I_{d.0.min}/I_{OP.0} \geq 1.5 \tag{5-67}$$

式中　$3I_{d.0.min}$——出线末端接线故障时，流过保护安装处的最小零序电流。

任务 5.2　发电机的保护

发电机是电力系统中十分重要和贵重的设备，发电机的安全运行直接影响电力系统的安全，发电机由于结构复杂，在运行中可能发生的故障和不正常运行状态，会对发电机组

造成危害。同时系统故障也可能损坏发电机，特别是现代的大中型发电机的单容量很大，对系统影响大，损坏后的修复工作复杂且工期长，应该装设性能完善的继电保护装置。

5.2.1　发电机的故障、不正常运行及保护配置

5.2.1.1　发电机的故障类型

A　发电机定子绕组相间短路

定子绕组相间短路时会产生很大的短路电流使绕组过热，故障点的电弧将破坏绕组的绝缘，烧坏铁心和绕组。定子绕组的相间短路对发电机的危害最大。

B　发电机定子绕组匝间短路

定子绕组匝间短路时，短路的部分绕组内将产生环流，从而引起局部温度升高，绝缘被破坏，并可能转变为单相接地和相间短路。

C　发电机定子绕组单相接地短路

故障时，发电机电压网络的电容电流将流过故障点，当此电流较大时，会使铁心局部熔化，给检修工作带来很大的困难。

D　发电机励磁回路一点或两点接地短路

励磁回路一点接地时，由于没有构成接地电流通路，故对发电机无直接危害。如果再发生另一点接地，就会造成励磁回路两点接地短路，可能烧坏励磁绕组和铁心。此外，由于转子磁通的对称性被破坏，将引起发电机组强烈振动。

E　发电机励磁电流急剧下降或消失

发电机励磁系统故障或自动灭磁开关误跳闸，将会引起励磁电流急剧下降或消失。此时，发电机由同步运行转入异步运行状态，并从系统吸收无功功率。当系统无功功率不足时，将引起电压下降，甚至使系统崩溃。同时，还会引起定子绕组电流增加及转子局部过热，威胁发电机安全。

5.2.1.2　发电机不正常工作状态

A　定子绕组过电流

外部短路引起的定子绕组过电流，将使定子绕组温度升高，会发展成内部故障。

B　三相对称过负荷

负荷超过发电机额定容量而引起的三相对称过负荷会使定子绕组过热。

C　转子表层过热

电力系统中发生不对称短路或发电机三相负荷不对称时，将有负序电流流过定子绕组，在发电机中产生相对转子两倍同步转速的旋转磁场，从而在转子中感应出倍频电流，可能造成转子局部灼伤，严重时会使护环受热松脱。

D　定子绕组过电压

调速系统惯性较大的发电机，因突然甩负荷，转速急剧上升，使发电机电压迅速升高，将造成定子绕组绝缘被击穿。

E　发电机的逆功率

当汽轮机主气门突然关闭，而发电机出口断路器还没有断开时发电机变为电动机的运行方式，从系统中吸收功率，使发电机逆功率运行，将会使汽轮受到损伤。

此外，发电机的不正常工作状态还有励磁绕组过负荷及发电机的失步等。

5.2.1.3　发电机可能发生的故障及其相应的保护

A　纵联差动保护

对 1MW 及以上发电机的定子绕组及引出线的相间短路，应该装设纵联差动保护。

B　发电机定子绕组的匝间短路

当定子绕组星形接线、每相有并联分支且中性点侧有分支引出端时，应装设横差保护；200MW 及以上的发电机有条件时可装设双重化横差保护。

C　定子绕组单相接地保护

对直接连接母线的发电机定子绕组单相接地故障时，当单相接地故障电流不大于表5-2 中的规定值时，应当装设选择性的接地保护装置。

表 5-2　发电机定子绕组单相接地故障电流允许值

发电机的额定电压/kV	发电机额定容量/MW		接地电容电流允许值/A
6.3	<50		4
6.3	汽轮发电机	50~100	3
	水轮发电机	10~100	
10.5	汽轮发电机	125~200	2（对氢冷发电机为 2.5）
13.8~15.75	水轮发电机	40~225	
20	300~600		1

对于发电机一变压器组：容量在 100MW 以下的发电机，应装设保护区不小于定子绕组串联匝数 90% 的定子接地保护；容量在 100MW 及以上的发电机，应装设保护区为100% 的定子接地保护，保护带时限动作于信号，必要时也可以动作于切机。

D　对于发电机外部短路引起的过电流

可采用下列保护方式：

（1）负序过电流及单元件低电压起动过电流保护，一般用于 50MW 及以上的发电机。

（2）低电压起动或复合电压起动的过电流保护，一般用于 1MW 以上的发电机。

（3）过电流保护，用于 1MW 及以下的小型发电机。

（4）带电流记忆的低压过电流保护，用于自并励发电机。

E　对于由不对称负荷或外部不对称短路引起的负序过电流

一般在 50MW 及以上的发电机上装设负序过电流保护。

F　对于由对称负荷引起的发电机定子绕组过电流

应装设接于一相电流的过负荷保护。

G　对于水轮发电机定子绕组过电压

应装设带延时的过电压保护。

H　对于发电机励磁回路的一点接地故障

容量在 1MW 及以下的小型发电机可装设定期检测装置，容量在 1MW 以上的发电机应装设专用的励磁回路一点接地保护。

I　对于发电机励磁消失故障

在发电机不允许失磁运行时，应增设直接反映发电机失磁时电气参数变化的专用失磁保护，在自动灭磁开关断开时联锁断开发电机断路器。

J　对于转子回路的过负荷

容量在 100MW 及以上，并且采用半导体励磁系统的发电机，应装设转子过负荷保护。

K　对于汽轮发电机主汽门突然关闭而出现的发电机变为电动机运行的异常运行方式

为防止损坏汽轮机，对 200MW 及以上的大容量汽轮发电机宜装设进功率保护，对于燃气轮发电机应装设逆功率保护。

L　对于 300MW 及以上的发电机

应装设过励磁保护。

M　其他保护

如当电力系统振荡影响机组安全运行时，在 300MW 机组上，宜装设失步保护；当汽轮机低频运行会造成机械振动，时片损伤，对汽轮机危害极大时，可装设低频保护；当水冷发电机断水时，可装设断水保护等。

为了快速消除发电机内部的故障，在保护动作于发电机断路器跳闸的同时，人还必须动作于跳开灭磁开关以切断发电机励磁回路，使定子绕组中不再感应出电动势，防止继续供给短路电流。

5.2.2　发电机的纵联差动保护

发电机纵联差动保护是发电机内最严重的故障，要求装设快速动作的保护装置。发电机纵联差动保护是发电机内部及引出线上相间短路故障的主保护。

5.2.2.1　纵联差动保护的基本原理

从发电机纵联差动保护的基本原理是比较发电机两侧的电力的大小和相位，其构成图如图 5-20 所示，它反映的是发电机及其引出线的相间故障。

从发电机纵联差动保护的原理图中可知，差动继电器 KD 接于其差动回路中（要求两侧电流互感器同变比、同型号），当正常运行或外部 K_1 点发生短路故障时，流入 K_D 的电流：

$$I_1/n_{TA} - I_2/n_{TA} = I_1' - I_2' \approx 0 \qquad (5\text{-}68)$$

故 K_D 不动作。

当在保护区 K_2 点发生短路故障时，流入 K_D 继电器的电流：

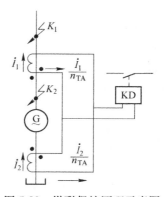

图 5-20　纵联保护原理示意图

$$I_1/n_{TA} + I_2/n_{TA} = I_1' + I_2' \approx I_{K2}/n_{TA} \qquad (5\text{-}69)$$

5.2.2.2　纵联差动保护的原理接线

在中、小型发电机中，常采用 DCD-2 型继电器构成的带
有线监视的发电机纵联差动保护，原理接线图如图 5-21 所示。

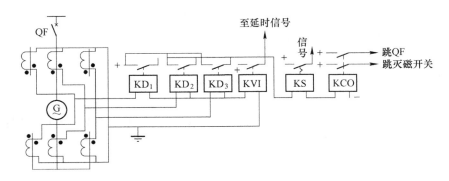

图 5-21　带断线监视的发电机纵差保护原理接线图

由于装在发电机中性点侧的电流互感器受发电机运转时的振动，接线端子容易松动而
造成二次回路电线，因此在差动回路中线上装设短线监视器 KVI，任何一相电流互感器的
二次回路断线时，KVI 均能动作并经延时发信号。

5.2.2.3　差动保护的整定计算

A　差动保护动作电流的整定与灵敏度校验

（1）防止电流互感器断线的条件整定：为了防止电流互感器二次回路断线是保护动
作，保护动作电流按躲过发电机额定电流整定，即：

$$I_{OP} = K_{rel}I_{GN} \tag{5-70}$$

式中　　K_{rel}——可靠系数，取 1.3；

　　　　I_{GN}——发电机的额定电流。

（2）按躲过最大不平衡电流条件整定。发电机正常运行时，I_{unb} 很小，当外部故障时，
由于短路电流的作用，TA 的误差增大，再加上短路电流中非周期分量的影响，使 I_{unb} 增
大，一般外部电路电流越大，I_{unb} 就可能越大。为使保护在发电机正常运行或外部故障时
不发生误动作，保护的动作电流按躲过外部短路时的最大不平衡电流整定。

$$I_{OP} = K_{rel}I_{unb.\,max} = K_{rel}K_{unp}K_{st}f_{er}I_{k.\,max} \tag{5-71}$$

式中　　K_{rel}——可靠系数，取 1.3；

　　　　K_{unp}——非周期分量系数，当采用 DCD-2 型电流继电器时取 1；

　　　　K_{st}——同型系数，取 0.5；

　　　　f_{er}——电流互感器最大相对误差，取 0.1；

　　　　$I_{k.\,max}$——发电机出口短路时的最大短路电流。

发电机纵差保护动作电流取（1）和（2）两个条件下计算所得较大者作为整定值。

（3）灵敏度校验，即：

$$K_{sen} = I_{d.\,min}^{(2)}/I_{OP} \geqslant 2 \tag{5-72}$$

B　断线监视继电器的整定

断线监视继电器的动作电流，应躲过正常运行时的不平衡电流来整定，根据运行经验，一般为 $I_{OP} = 0.2I_{GN}$。为了防止断线监视装置误发信号，KVI 动作后应延时发出信号，其动作时间应大于发电机后备保护最大延时。

5.2.2.4　发电机比率制动式差动保护原理

100MW 及以上的大容量发电机，一般采用比率制动式纵联差动保护，即利用外部故障时的穿越电流实现制动，这样可以保证发生区外故障时可靠的避开最大不平衡电流的影响，其动作可以只按照躲过发电机正常运行时的不平衡电流来整定，与变压器比率制动式差动保护一样提高了区内故障时的灵敏性。

比率制动式保护是将外部故障时的短路电流作为制动电流 I_{br}，把流入差动回路的电流作为动作电流 I_{OP}，比较这两个量的大小，只要 $I_{OP} \geqslant I_{br}$，保护动作，反之，保护不动作。具体的比率制动特性折线如图 5-22 所示。

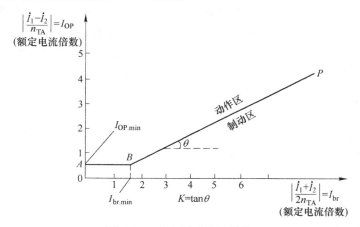

图 5-22　比率制动特性折线

该保护的动作条件：

$$I_{OP} > I_{OP.\,min}(I_{br} \leqslant I_{br.\,min}) \tag{5-73}$$

$$I_{OP} \geqslant K(I_{br} - I_{br.\,min}) + I_{OP.\,min}(I_{br} > I_{br.\,min}) \tag{5-74}$$

式中　I_{OP} ——差动速断电流；

　　$I_{OP.\,min}$ ——最小动作电流；

　　K ——制动特性曲线的斜率（也称制动系数）；

　　$I_{br.\,min}$ ——拐点制动电流。

比率制动式纵联差动保护继电器原理图如图 5-23 所示，制动电流和动作电流的表示如下所示：

制动电流：

$$\dot{I}_{\mathrm{br}} = 1/2(\dot{I'} + \dot{I''}) \qquad (5\text{-}75)$$

差动回路动作电流：

$$\dot{I}_{\mathrm{OP}} = \dot{I'} - \dot{I''} \qquad (5\text{-}76)$$

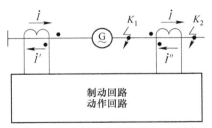

正常运行时，$I' = I'' = I/n_{\mathrm{TA}}$，制动电流为 $I_{\mathrm{br}} = 1/2$ $(I' + I'') = I/n_{\mathrm{TA}} = I_{\mathrm{br.min}}$。当 $I_{\mathrm{br}} \leqslant I_{\mathrm{br.min}}$，可以认为无制动作用，在此范围内有最小动作电流为 $I_{\mathrm{OP.min}}$，而因此 $I_{\mathrm{OP}} = I' - I'' \approx 0$，保护不动作。

图 5-23　比率制动式纵联差动保护继电器原理图

当外部故障时，$I' = I'' = I/n_{\mathrm{TA}}$，制动电流为 $I_{\mathrm{br}} = 1/2(I' + I'') = I_{\mathrm{K}}/n_{\mathrm{TA}}$，数值大。动作电流为 $I_{\mathrm{OP}} = I' - I''$，数值小，保护不动作。

当内部故障时，I'' 的方向与正常或外部短路故障时的电流相反，且 $I' \neq I''$；$I_{\mathrm{br}} = 1/2(I' + I'')$ 为两侧短路电流之差，数值小；$I_{\mathrm{OP}} = I' - I'' = I_{\mathrm{K\Sigma}}/n_{\mathrm{TA}}$，数值大，保护能动作。

当发电机未并列，且发生短路故障时，保护也能动作。

5.2.3　发电机的匝间短路保护

我国大型汽轮发电机组多采用双丫形接线，且定子绕组同相同槽的数量占总槽数将近 50%，同相同分支同槽的几乎没有或数量很少，因此国内大型汽轮发电机发生定子匝间故障的可能性是存在的。发电机定子绕组匝间短路是统一支路之间或同相不同支路绕组之间的短路。发电机发生匝间短路时被短接线匝内通过的电流可能超过机端三相短路电流，而纵差保护不能反映，所以发电机应装设专用匝间短路保护。

5.2.3.1　发电机横联差动保护（横差保护）

当发电机定子绕组为双星形接线，且中性点有六个引出端子时，匝间短路保护一般采用横联差动保护，原理如图 5-24 所示。

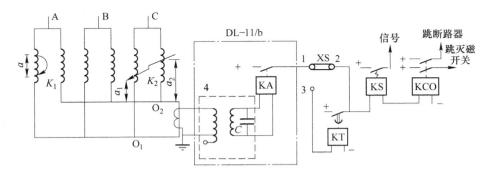

图 5-24　发电机定子绕组单相继电器式横联差动保护原理接线图

发电机定子绕组每相两并联分支分别接成星形，在两星形中性点连接线上装一只电流互感器 TA，DL-11/b 型电流继电器接于 TA 的二次侧。DL-11/b 电流继电器由高次谐波过滤器和执行元件 KA 组成。

在正常运行或外部短路时，每一分支绕组供出该相电流的一半，因此流过中性点连线的电流只是不平衡电流，故保护不动作。

发电机定子绕组匝间短路，故障相绕组的两个分支的电势不相等，因而若定子绕组中出现环流，通过中性点连接，该电流大于保护的动作电流，则保护动作，跳开发电机断路器及灭磁开关。

由于发电机电流波形在正常运行时也不是完全的正弦波，尤其是当外部故障时，波形畸变比较严重，从而在中性连线上出现了 3 次谐波为主的高次谐波分量，给保护的正常工作造成影响。为此，保护装置安装了 3 次谐波滤波器，降低了动作电流，提高了保护灵敏性。

转子绕组发生瞬时两点接地故障时，由于转子磁势对称性破坏，使同相绕组的两并中性点连线上也将出现环流，致使保护误动作。因此，需增设 0.5~1s 的动作延时，以躲过瞬时两点接地故障。

横差保护的动作电流，根据运行经验一般取发电机额定电流的 20%~30%，即：

$$I_{OP} = (0.2 \sim 0.3)I_{GN} \tag{5-77}$$

保护用的电流互感器应按照满足动稳定要求选择，其变比一般按发电机额定电流的 25%选择，即：

$$n_{TA} = 0.25I_{GN}/5 \tag{5-78}$$

式中 I_{GN} ——发电机额定电流。

这种保护的灵敏度较高，但是保护在切除故障时有一定的死区，主要表现为：

（1）单相分支匝间短路的 α 较小时，即短接的匝数较少时；

（2）通向两分支间匝间短路，其 $\alpha_1 = \alpha_2$，或 α_1、α_2 差别较小时。

横联差动保护接线简单，动作可靠，同时能反映定子绕组分支开焊故障，因而得到广泛应用。

5.2.3.2 发电机零序电压匝间短路保护

大容量发电机由于结构紧凑，在中性点侧往往只有三个引出端子，无法装设横差保护。因此大机组通常采用纵向零序电压原理的匝间短路保护。反映零序电压的匝间短路保护如图 5-25 所示。

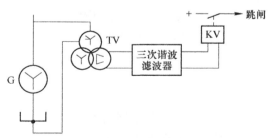

图 5-25 反映零序电压的匝间短路保护原理图

发电机的中性点一般是不直接接地的，正常运行时，发电机 A、B、C 三相的机端与中性点之间的电动势是平衡的；当发生定子绕组匝间短路时，部分绕组被短接，相对于中性点而言，机端三相电动势不平衡，出现纵向零序电压。

由于定子绕组匝间短路时会出现纵向零序电压，而正常运行或定子绕组出现其他故障的情况下，纵向零序电压几乎为零，因此，通过反映发电机三相相对于中性点的纵向零序电压可以构成匝间短路保护。

当发电机内部或外部发生单相接地故障时，发电机端三相对地之间会出现零序电压。这两种情况是不一样的，为检测发电机的匝间短路，必须测量纵向零序电压 $3U$，为此一般装设专用电压互感器。专用电压互感器的一次侧星形中性点直接与发电机中性点相连接，不允许接地。专用电压互感器的开口三角形侧接的电压反映纵向零序电压，而不是反映发电机端对地的零序电压。

实际上，由于发电机气隙磁通的非正弦分布及磁饱和等影响，正常运行时，电压互感器开口三角绕组仍有不平衡电压，其中主要是三次谐波电压，其值随定子电流的增大而增大。因此，为了有效地滤去不平衡电压中的三次谐波，提高保护灵敏度，减小死区，通常是在保护装置中加装三次谐波滤波器。

在发电机外部发生不对称短路时，发电机机端三相电压不平衡，也会出现纵向基波零序电压，发电机匝间短路保护可能误动作，因此必须采取措施。

发电机定子绕组匝间短路时，机端会出现负序电压、负序电流及负序功率（从机端TA、TV 测得），并且负序功率的方向是从发电机内部流向系统。发电机外部发生不对称短路时，同样会感受到负序电压、负序电流及负序功率，但负序功率的方向是从系统流向发电机，与发电机定子绕组匝间短路时负序功率的方向相反。因此，在匝间短路保护中增加负序功率方向元件，当负序功率流向发电机时该方向元件动作，闭锁保护，防止外部故障时保护误动作。

而外部不对称短路时，利用负序功率方向元件可正确判别匝间短路和外部短路，在外部短路时闭锁保护。这样，保护的动作值可仅按躲过正常运行时的不平衡电压整定。当三次谐波滤波器的过滤比大于 80，保护的动作电压可取额定电压的 0.03～0.04 倍。若电压互感器开口三角侧额定电压为 100V，则电压继电器的动作电压为 3～4V。

为防止专用电压互感器 TV_1 断线，在开口三角绕组侧出现很大的零序电压导致保护误动，装置中还加装了电压回路断线闭锁元件。断线闭锁元件是利用比较专用电压互感器 TV_1 和机端测量电压互感器 TV_2 的二次正序电压原理工作的。正常运行时，TV_1 与 TV_2 二次正序电压相等，断线闭锁元件不动作。当任一电压互感器断线时，其正序电压低于另一正常电压互感器的正序电压，断线闭锁元件动作，闭锁保护装置。

可见，负序功率方向闭锁零序电压匝间短路保护的灵敏度较高，死区较小。在大型发电机中得到了广泛应用。

5.2.3.3 反映转子回路二次谐波电流的匝间短路保护

发电机定子绕组发生匝间短路时，在转子回路中将出现二次谐波，因此利用转子中的二次谐波，可以构成匝间短路保护，如图 5-26 所示。

在正常运行、三相对称短路及系统振荡时，发电机定子绕组的三相电流对称，转子回路中没有二次谐波电流，因此保护不会动作。但是，在发电机不对称运行或发生不对称短路时，在转子回路中将出现二次谐波电流。为了避免这种情况下保护的误动作，常采用负序功率方向继电器闭锁的措施。因为匝间短路时的负序功率方向与不对称运行时或发生不对称短路时的负序功率方向相反，所以不对称状态下负序功率方向继电器将保护闭锁，匝

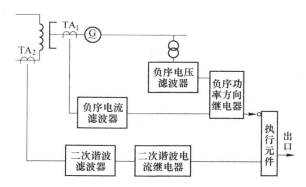

图 5-26　反映转子回路二次谐波电流的匝间短路保护原理图

间短路时则开放保护。保护的动作值只需按躲过发电机正常运行时允许的最大不对称度（一般为 5%）相对应的转子回路中感应的二次谐波电流来整定，故保护具有较高的灵敏度。

5.2.4　发电机定子绕组单相接地保护

为了安全起见，发电机的外壳、铁心都要接地。所以只要发电机定子绕组与铁心间绝缘在某一点上遭到破坏，就可能发生单相接地故障。发电机的定子绕组的单相接地故障是发电机的常见故障之一。长期运行的实践表明，发生定子绕组单相接地故障的主要原因是高速旋转的发电机，特别是大型发电机的振动，造成机械损伤而接地；对于水内冷的发电机，由于漏水致使定子绕组接地（或者是某点的对地绝缘下降至危险值）。

发电机定子绕组单相接地故障的危害主要表现在以下两个方面：

（1）持续的接地电流会产生电弧，烧伤铁心，使定子绕组铁心叠片烧结在一起，造成检修困难；

（2）接地电流会破坏绕组绝缘，扩大事故，若一点接地而未及时发现，很有可能发展成绕组的匝间或相间短路故障，严重损伤发电机。

定子绕组单接地时，对发电机的损坏程度与故障电流的大小及持续时间有关。当发电机单相接地故障电流（不考虑消弧线圈的补偿作用）大于允许值时，应装设有选择性的接地保护装置。发电机单相接地时，接地电流允许值见表 5-3。

表 5-3　发电机定子绕组单相接地是接地电流允许值

发电机额定电压/kV	发电机额定容量/MW	接地电流允许值/A
6.3	≤50	4
10.5	50~100	3
13.8~15.75	125~200	2
18~20	300	1

根据接地故障的电流大小，发生接地故障后的处理方式有两种：

（1）当接地电流小于安全电流时，保护可执行信号，经转移负荷后平稳停机，以避免突然停机回发电机组和系统的冲击；

（2）当接地电流比较大时，为保障发电机的安全，应当立即跳闸停机。

大型发电机组，由于其在系统中的地位重要，结构复杂，修复困难，故对于单相接地保护设计时规定接地保护应能动作于跳闸，并根据运行要求打开跳闸联结片，并使接地保护动作于跳闸，其装设动作范围为 100%的定子绕组单相接地保护；对于中小型发电机由于中性点附近绕组电位不高，单相接地可能性小，故允许定子接地保护有一定的保护死区。

5.2.4.1　反映基波零序电压的定子绕组接地保护

假设在发电机内部 A 相在定子绕组距中性点 α 处（故障点到中性点绕组占全相绕组匝数的百分数）发生定子绕组接地故障，如图 5-27 所示，则每相对地电压：

$$\dot{U}_{AE} = (1 - \alpha)\dot{E}_A \tag{5-79}$$

$$\dot{U}_{BE} = (1 - \alpha)\dot{E}_B \tag{5-80}$$

$$\dot{U}_{CE} = (1 - \alpha)\dot{E}_C \tag{5-81}$$

因此故障后的零序电压为：

$$\dot{U}_0 = 1/3(\dot{U}_{AE} + \dot{U}_{BE} + \dot{U}_{CE}) = -\alpha\dot{E}_A \tag{5-82}$$

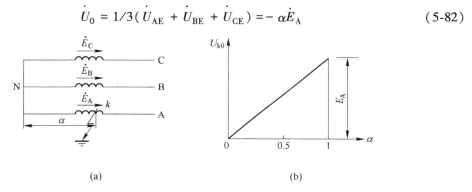

图 5-27　发电机定子绕组单相接地时的零序电压
（a）电路图；（b）零序电压变化图

可见故障点零序电压与 α 成正比，故障点离中性点越远，零序电压越高。当 $\alpha = 1$，即极端接地时，$U_0 = E_A$；而当 $\alpha = 0$，即中性点处接地时，$U_0 = 0$。零序电压 U 的变化曲线如图 5-27（b）所示。

零序电压保护是响应发电机定子绕组接地故障时出现的零序电压而动作的保护，保护动作于信号（或跳闸）。零序电压可取自机端三相电压互感器开口三角形绕组，也可取自发电机中性点单相电压互感器或消弧线圈的二次电压，原理接线图如图 5-28 所示。

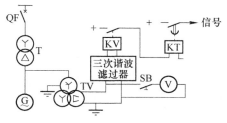

图 5-28　响应零序电压的发电机定子绕组接地保护原理图

保护的动作电压应躲过正常运行时开口三角形的不平衡电压（包括三相谐波电压）。另外还要躲过在变压器高压侧接地时，通过变压器高、低压绕组间电容耦合到机端的零序电压。

由于故障点离中性点越近，零序电压越低，当零序电压小于继电器动作电压时，保护不动作，因此该保护存在死区。为了减小中性点附近的死区，可采用以下措施降低保护定值，提高保护灵敏度：

（1）加装三次谐波滤过器；

（2）高压次中性点直接接电网中，利用保护延时躲过高压侧接地故障；

（3）高压侧中性点非直接接电网中，利用高压侧接地出现的零序电压闭锁或者制动发电机接地保护。

采用上述措施后，接地保护只需按照躲过不平衡电压整定，其保护范围可到 85% ~ 95%，但中性点附近仍有 5% ~ 15% 的死区。保护动作于发信号。

5.2.4.2　反映基波零序电压和三次谐波电压构成的 100% 定子接地保护

发电机定子绕组单相接地 100% 保护区保护的构成原理，是在基波零序电压定子绕组接地保护的基础上，利用三次谐波电压作判据，增加保护动作量，消除基波零序电压定子绕组接地保护在中性点附近 15% ~ 5% 死区。即基波零序电压定子绕组接地保护，其保护区为机端至中性点的 85% ~ 95%；三次谐波电压定子绕组接地保护，其保护区为中性点至机端的 50%；两保护区加起来构成 100% 的保护区。

A　正常运行时发电机定子绕组三次谐波电压的分布

正常运行时，中性点绝缘的发电机机端电压与中性点三次谐波电压分布如图 5-29（a）所示，图中 C_{0G} 为发电机每相对地等效电容，且看作集中在发电机端 S 和中性点 N，并均为 $C_{0G}/2$。C_{0S} 为机端其他连接元件每相对地等效电容，且看作集中在发电机端。E_3 为每相三次谐波电压，机端三次谐波电压 U_{S3} 和中性点 3 次谐波电压 U_{N3} 分别为：

$$U_{S3} = E_3 C_{0G} / 2 (C_{0G} + C_{0S}) \tag{5-83}$$
$$U_{N3} = E_3 (C_{0G} + 2C_{0S}) / 2 (C_{0G} + C_{0S}) \tag{5-84}$$

U_{S3} 与 U_{N3} 比值：

$$U_{S3} / U_{N3} = C_{0G} / (C_{0G} + 2C_{0S}) < 1 \tag{5-85}$$

即
$$U_{S3} < U_{N3}$$

正常情况下，机端三次谐波电压总小于中性点三次谐波电压。若发电机中性点经消弧线圈接地，上述结论仍然成立。

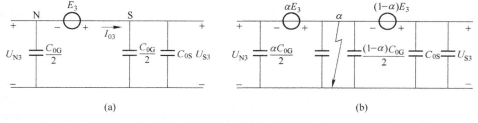

图 5-29　发电机三次谐波电动势和对地电容的等值电路图

（a）正常运行；（b）内部单相接地故障

B　定子绕组单相接地时三次谐波电压的分布

设发电机定子绕组距中性点 α 处发生金属性单相接地，其等值电路如图 5-29（b）所示。无论发电机中心是否接有消弧线圈，恒有 $U_{N3} = \alpha E_3$，$U_{S3} = (1 - \alpha) E_3$。且其比值：

$$U_{S3} / U_{N3} = (1 - \alpha) / \alpha \tag{5-86}$$

当 $\alpha < 50\%$ 时，$U_{S3} > U_{N3}$；当 $\alpha > 50\%$ 时，$U_{S3} < U_{N3}$。

U_{S3} 与 U_{N3} 随 α 变化的关系如图 5-30 所示。

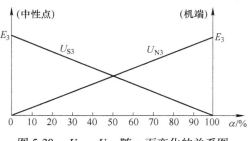

图 5-30　U_{S3}、U_{N3} 随 α 而变化的关系图

综上所述，正常情况下，$U_{S3} < U_{N3}$；定子绕组单相接地时，$\alpha < 50\%$ 的范围内，$U_{S3} > U_{N3}$。故可利用 U_{S3} 作为动作量，U_{N3} 利用作为制动量，构成接地保护，其保护范围在 $\alpha = 0 \sim 0.5$ 内，且越靠近中性点保护越灵敏。可与其他保护一起构成发电机定子 100% 接地保护。

5.2.5　发电机励磁回路接地保护

5.2.5.1　发电机励磁回路一点接地保护

发电机正常运行时，励磁回路与地之间有一定的绝缘电阻和分布电容。当励磁绕组绝缘严重下降或损坏时，会引起励磁回路的接地故障，最常见的是励磁回路点接地故障。发生励磁回路一点接地故障时，由于没有形成接地电流通路，所以对发电机运行没有直接影响。但是发生一点接地故障后，励磁回路对地电压将升高，在某些条件下会诱发第二点接地，励磁回路发生两点接地故障将严重损坏发电机。因此，发电机必须装设灵敏的励磁回路点接地保护，保护作用于信号，以便通知值班人员采取措施。

A　绝缘检查装置

励磁回路绝缘检查装置原理如图 5-31 所示。正常运行时，电压表 V_1、V_2 的读数相等。当励磁回路对地绝缘水平下降时，V_1 与 V_2 的读数不相等。

值得注意的是，在励磁绕组中点接地时，V_1 与 V_2 的读数也相等，因此该检测装置有死区。

B　直流电桥式一点接地保护

直流电桥式一点接地保护原理如图 5-32 所示。发电机励磁绕组 LE 对地绝缘电阻用接在 LE 中点 M 处的集中电阻 R 来表示。LE 的电阻以中点 M 为界分为两部分，与外接电阻 R_1、R_2 构成电桥的四个臂。励磁绕组正常运行时，电桥处于平衡状态，此时继电器不动作。当励磁绕组发生一点接地时，电桥失去平衡，流过继电器的电流大于其动作电流，继电器动作。显而易见，接地点靠近励磁回路两极时保护灵敏度高，而接地点靠近中点 M 时，电桥几乎处于平衡状态，继电器无法动作，因此，励磁绕组中点附近存在死区。

为了消除死区采用了下述两项措施。

（1）在电阻 R_1 的桥臂中串接了非线性元件稳压管，其阻值随外加励磁电压而变化，因此，保护装置的死区随励磁电压改变而移动位置。这样在某一电压下为死区，在另一电压下则变为动作区，从而减小了保护拒动的概率。

（2）转子偏心和磁路不对称等原因产生的转子绕组的交流电压，使转子绕组中点对地电压不保持为零，而是在一定范围内波动。利用这个波动的电压来消除保护死区。

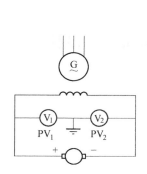

图 5-31　励磁回路绝缘检查装置原理图

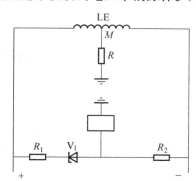

图 5-32　直流电桥式一点接地保护原理图

5.2.5.2　发电机励磁回路两点接地保护

励磁回路发生两点接地故障，由于故障点流过相当大的短路电流，将产生电弧，因而会烧伤转子；部分励磁绕组被短接，造成转子磁场发生畸变，力矩不平衡，致使机组振动；接地电流可能使汽轮机汽缸磁化。因此，励磁回路发生两点接地会造成严重的后果，必须装设励磁回路两点接地保护。

励磁回路两点接地保护可由电桥原理构成。在发现发电机励磁回路一点接地后，将发电机励磁回路两点接地保护投入运行。当发电机励磁回路两点接地时，该保护经延时动作于停机。

励磁回路的直流电阻 R_e 和附加电阻 R_{ab} 构成支流电桥的四臂（R_e'、R_e''、R_{ab}'、R_{ab}''）。毫伏表和电流继电器 KA 接于 R_{ab} 的滑动端与地之间，即电桥的对角线上。当励磁回路 K_1 点发生接地后，投入刀闸 S_1 并按下按钮 SB，调节 R_{ab} 的滑动触点，使毫伏表指示为零，此时电桥平衡，即：

$$R_e'/R_e'' = R_{ab}'/R_{ab}'' \tag{5-87}$$

然后松开 SB，合上 S_2，接入电流继电器 KA，保护投入工作。

当励磁回路第二点发生接地时，R 被短接一部分，电桥平衡遭到破坏，电流继电器中有电流通过，若电流大于继电器的动作电流，保护动作，断开发电机出口断器。由电桥原理构成的励磁回路两点接地保护有下列缺点。

若第二个故障点 K_2 点离第一个故障点 K_1 点较远，则保护的灵敏度较好；反之，若 K_2 点离 K_1，点很近，通过继电器的电流小于继电器动作电流，保护将拒动，因此保护存在死区，死区范围在 10%左右。

若第一个接地点 K_1 点发生在转子绕组的正极或负极端，则因电桥失去作用，不论第二点接地发生在何处，保护装置将拒动，死区达 100%。

由于两点接地保护只能在转子绕组一点接地后投入，所以对于发生两点同时接地，或者第一点接地后紧接着发生第二点接地的故障，保护均不能反应。

上述两点接地保护装置虽然有这些缺点，但是接线简单，价格便宜，因此在中、小型发电机上仍然得到广泛应用。

目前，采用直流电桥原理构成的集成电路励磁回路两点接地保护，在大型发电机上得到广泛应用。

实践提高 5.3　变压器电流速断保护的设计

5.3.1　目的

（1）了解变压器电流速断实验的原理。

（2）熟悉保护的构成及保护动作先后情况。

5.3.2　预习与思考

（1）预习差动继电器特性实验。

（2）分析变压器电流速断保护中各个继电器的功用，并分析保护中各部分动作的情况。

5.3.3　说明

电流速断保护作为高压母线保护的后备，并用于消除断路器与电流互感器之间这一段差动保护的死区时，保护应装设在变压器的电源侧，由瞬动的电流继电器构成。当电源侧为非直接接地系统时，电流速断保护作成两相式。电流速断保护的动作电流，按避越变压器外部故障的最大短路电流来整定：

$$I_{dz} = K_k I_{D.max}^{(3)} \tag{5-88}$$

式中　　K_k——可靠系数，取 1.2~1.3；

$I_{D.max}^{(3)}$——降压变压器低压侧母线发生三相短路时，流过保护装置的最大短路电流。

其次，电流速断保护装置的动作电流还应避越空载投入变压器时的励磁涌流，一般动作电流应大于变压器额定电流的 3~5 倍。

电流速断保护装置的灵敏度 K_{Lm} 按下式计算：

$$K_{L.m} = \frac{I_{D.min}^{(2)}}{I_{dz}} \tag{5-89}$$

式中　　$I_{D.min}^{(2)}$——系统最小运行方式下，变压器电源侧引出端发生金属性两相短路时流过保护装置的最小短路电流。

根据规程的要求，灵敏度应小于 2。

电流速断保护的优点是接线简单、动作迅速。但作为变压器内部故障的保护时，存在以下缺点：

（1）当系统容量不大时，保护区延伸不到变压器内部，灵敏度可能不满足要求。

（2）在无电源的一侧，从套管到断路器之间的故障，由过电流保护作用于跳闸，因此，切除故障时限长，影响系统安全运行。

5.3.4　实践设备

实践设备见表5-4。

表 5-4　实践设备

序号	型号	名称及说明
1	无	主控制屏
2	EPL-11	直流电源
3	EPL-11	交直流仪表
4	EPL-45	变压器保护实验组件
5	EPL-04	继电器组件
6	EPL-05	继电器组件
7	EPL-06	继电器组件
8	EPL-07	继电器组件
9	EPL-12	光示牌和相位仪等
10	EPL-14	按钮及电阻盘

5.3.5　实践内容及步骤

（1）根据要求来整定差动继电器的动作电流及线圈匝数和其他继电器的动作值（电流继电器整定值在1.6A左右）。

（2）按图5-33变压器差动保护接线原理图进行安装接线。

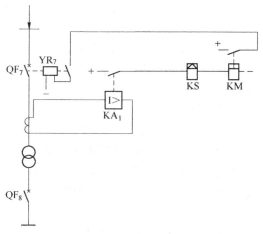

图 5-33　变压器差动保护接线原理图

（3）变压器中压侧故障转换开关 SA_4 和变压器低压侧故障转换开关 SA_5 均打在正常位置。将实训项目转换开关打在变压器实训挡位。检查上述接线的正确性，经老师确定无误后，开始实验。

（4）合上漏电断路器开关，三相调压器逆时针旋到底，即输出为 0V。

（5）合上实验电源，调节三相调压器，使调压器输出电压从 0V 慢慢上升到 110V，合上 QF_1 和 QF_3 模拟断路器，并合上变压器高、中、低压侧模拟断路器，此时，一次系统处于正常运行状态。

（6）将中压侧故障转换开关 SA_4 打在内部故障位置，观察并记录其动作情况。之后再把中压侧故障转换开关 SA_4 打在外部故障位置，观察并记录其动作情况。再将低压侧故障转换开关 SA_5 打在内部故障位置，观察并记录其动作情况。之后再把低压侧故障转换开关 SA_5 打在外部故障位置，观察并记录其动作情况。完成后，将调压器输出逆时针旋到底，并断开所有电源开关。

（7）分析保护动作情况及其参数值。

小　结

电力变压器、发电机都是电力系统中重要的设备，根据继电保护与安全自动装置的运行条例，分析了变压器、发电机的故障和各自的保护。

变压器故障分为油箱内部故障和油箱外部故障。油箱内部故障主要有绕组的相间短路、接地短路和匝间短路等。油箱外部故障主要有套管和引出线上的相间短路及接地短路。变压器不正常工作状态主要有外部短路引起的过电流、过负荷、油箱漏油引起的油位下降、冷却系统故障、变压器油温升高、外部接地短路引起中性点过电压、绕组过电压或频率降低引起的过励磁等。

瓦斯保护是作为变压器本体内部匝间短路、相间短路以及油面降低的保护，是变压器的内部故障的主保护，分为轻瓦斯和重瓦斯。轻瓦斯主要反映变压器内部轻微故障和变压器漏油，动作于信号。重瓦斯主要反映变压器内部严重故障，动作于跳闸。

变压器差动保护是用来反映变压器绕组、引出线及套管上的各种相间短路，也是变压器的主保护。变压器的差动保护基本原理与输电线路相同，但是，由于变压器两侧电压等级不同、Yd 接线时相位不一致、励磁涌流、电流互感器的计算变比与标准变比不一致、带负荷调压等原因，将在差动回路中产生较大的不平衡电流。为了提高变压器差动保护的灵敏度，必须减小不平衡电流。

变压器电流速断保护具有接线简单、动作迅速等优点，能瞬时切除变压器电源侧引出线和套管，以及变压器内部部分线圈的故障。它的缺点是不能保护电力变压器的整个范围，当系统容量较小时，保护范围较小，灵敏度较难满足要求；在无电源的一侧，套管到断路器一段故障不能反映，要靠相间短路的后备保护，切除故障的时间较长，对系统安全运行不利；但变压器的电流速断保护与气体保护、相间短路的后备保护配合较好，因此广泛用于小容量变压器的保护中。

发电机采用纵差保护只要用作相间短路故障的主保护，其原理与输电线路基本相同，但实现起来要比输电线路容易得多。但是，应注意的是，保护存在动作死区。在微机保护中，广泛采用比率制动式纵差保护。发电机匝间短路故障，可根据发电机的结构，采用横联差动保护、零序电压保护等。

反映发电机定子绕组单相接地，可采用反映基波零序电压保护、反映基波和 3 次谐波电压构成的 100%接地保护等。保护根据零序电流的大小分别作用于跳闸或发信号。转子一点接地保护只作用于信号，转子两点接地保护作用于跳闸。

对于小型发电机，失磁保护通常采用失磁联动，中、大型发电机要装设专用的失磁保护。失磁保护利用失磁后机端测量阻抗的变化就可以反映发电机是否失磁。

复习思考题

5-1 变压器的故障及不正常运行状态有哪些？

5-2 瓦斯保护的作用是什么？

5-3 变压器差动保护产生的不平衡电流的原因是什么，与哪些因素有关？

5-4 发电机纵联差动保护的方式有哪些，其特点各是什么。

5-5 发电机匝间保护的方式有几种，其原理及特点各是什么？

5-6 发电机转子一点接地和两点接地的危害各是什么？

参 考 文 献

[1] 段秀玲，杨耀东．电力系统继电保护 [M]．西安：西安电子科技大学出版社，2018.
[2] 许建安，连晶晶．继电保护技术 [M]．北京：机械工业出版社，2011.
[3] 孙国凯，田有文．电力网继电保护原理 [M]．北京：中国电力出版社，2012.
[4] 王松廷．电力系统继电保护原理与应用 [M]．北京：中国电力出版社，2013.
[5] 许建安．电力系统继电保护技术 [M]．北京：机械工业出版社，2011.
[6] 张宝会，尹项根．电力系统继电保护 [M]．北京：中国电力出版社，2005.
[7] 宋志明．继电保护原理与应用 [M]．2版．北京：中国电力出版社，2011.
[8] 杨奇逊，黄少锋．微机继电保护基础 [M]．2版．北京：中国电力出版社，2005.
[9] 许建安．继电保护整定计算 [M]．北京：中国电力出版社，2001.
[10] 李火元．电力系统继电保护与自动装置 [M]．北京：中国电力出版社，2006.